U0299097

鹦鹉厨房

用创意颠覆传统厨房

PARROT
KITCHEN

Creativity Overturns
Ordinary Kitchen.

鹦鹉厨房 主编

中国轻工业出版社

目 录 +
CONTENTS

道地西餐

道地西餐

三色羊排
（法国）

分量：1人份

难度：★★★

准备时间：30分钟

烹饪时间：40分钟

几乎没有一个懂得吃的人不欣赏羊肉。羊肉性温，常吃羊肉，不仅可以增加人体热量，抵御寒冷，而且还能增加消化酶，保护胃壁，修复胃黏膜，帮助脾胃消化，起到抗衰老的作用。

烤全羊是羊肉最经典的吃法之一，不过全羊太大，没有几个人合作怕是很难完成，烤羊排倒是简单易做。烤羊排香味浓郁，肉质松软鲜嫩、外皮焦脆，肉皮外的油脂被烤制成一层薄薄的肉脯，香而不腻。

三色烤羊排一色取黄油的香甜，配以柠檬、蜂蜜的清爽和香甜；一色取法香的温和清新与面包糠的酥脆；一色取意大利黑醋的醇厚果香，三色三味带来完全不同的味觉体验。

食材准备

主　料			小洋葱	3个	蜂蜜	7毫升
新西兰羊排	3块		小番茄	8个	黄糖	5克
辅　料			黄彩椒	半个	意大利黑醋	10毫升
鲜法香	20克		豌豆	20克	面包糠	80克
鲜迷迭香	5克		小土豆	10个	**调味料**	
柠檬	半个		大蒜	3瓣	橄榄油	20毫升
鲜薄荷叶	20克		淡奶油	20毫升	海盐	16克
鲜百里香	10克		黄油	290克	黑胡椒粉	8克

1 取3块羊排，表面撒上4克海盐和2克黑胡椒粉，煎锅倒10毫升橄榄油，将羊排煎至上色取出，切记不可煎熟。大蒜、法香、薄荷切碎待用。

2 制作香草面包糠：中火热锅，放入50克黄油，待黄油融化后放入蒜碎、迷迭香炒香，再放入面包糠，翻炒均匀上色，最后放入法香碎、4克海盐和2克黑胡椒粉搅拌均匀。烤箱200℃预热，将1块煎上色的羊排表面粘满炒好的香草面包糠，放入烤盘，再将另1块煎好的羊排直接放在烤盘上，放入烤箱烤10分钟。

3 制作香草黄油：取200克软化的黄油，加入薄荷碎，挤入半个柠檬汁，加入蜂蜜、4克海盐和2克黑胡椒粉搅拌均匀，包在保鲜纸里，再包上油纸或锡纸定型成长圆柱状，放入冰箱冷藏30分钟。香草黄油制作好后，切一块放在烤好的没有粘香草面包糠的羊排上。

4 小火热锅，放入20克黄油，待黄油融化后加入黄糖，不停搅拌至黄糖融化后放入意大利黑醋。将未烤制的1块羊排放进去，均匀裹上酱汁。

5

6

5 锅中放入百里香，煮沸后放入豌豆煮1~2分钟后捞出，再把小土豆去皮放入锅中煮15~20分钟，捞出小土豆后放黄油20克、淡奶油搅拌成泥，加入海盐4克、黑胡椒粉2克调味。

6 取一个烤盘，倒入10毫升橄榄油，摆上小洋葱、小番茄和黄彩椒，放入烤箱，待羊排烤好后一同取出，摆盘完成。

蛋 蛋 提 示

1 将法香切碎与黄油搅拌融合在一起，使黄油里夹带着法香独特的清香，这就是西餐中再常见不过的香草黄油了。其实香草黄油的做法远不止一种，也可以使用不同品种的其他香草，组合出各种口味独特的配方，每一种都会和肉食料理组成非常美妙的搭配哦。

2 红色羊排是由意大利黑醋上色而成的，而黑醋称得上是无醋不欢的意大利人的骄傲。优质的意大利黑醋色泽深浓，味道醇厚而果香味充足，酿制时间愈长，品质愈高，至少需要12年来发酵。

贾青， 一位拥有靓丽外形和精湛演技的实力派演员，入行十多年，曾出演《天龙八部》《武神赵子龙》等作品。凭借着对表演的执着与坚持，贾青成功塑造出许多具有艺术张力的荧屏角色。

常年在南方拍戏的她，面对湿热的天气，有一套自己的独门除湿秘方——三色羊排。这道菜是贾青的妈妈特意为她学做的西餐料理，演戏之余吃上一口，是家与温暖的味道，也是幸福与满足的味道。无论炎热的夏天还是阴冷的冬天，这样独特的滋补方式，都是推动她不断前进的精神动力。

香煎海鲈鱼配白酒汁
（法国）

分量：3~4人份

难度：★★

准备时间：40分钟

烹饪时间：50分钟

法国菜分为两种，一种是电影电视里常能看到的一盆乱炖，好做好吃，特别容易饱腹；另外一种就是出入殿堂、艺术一般的法餐了，叫作La Haute Cuisine，意为"上等料理"或"高级烹饪术"。而且法国菜上桌的鱼都没有刺，除非是可以很容易挑出的大根鱼骨。因为法国人不愿意把吃到嘴里的东西再吐出来，觉得不仅吃相难看，还有失风度。

所以刺少味美的香煎海鲈鱼就深受法国人的喜爱；再搭配口味清淡微酸的白葡萄酒，点缀颜色丰富的各类蔬菜，营养丰富、色味俱佳，可以瞬间征服最挑剔的食客。

食材准备

主　料		大番茄	1个	青椒	1个
海鲈鱼	1000克	黄西葫芦	1根	红椒	1个
辅　料		绿西葫芦	1根	调味料	
小洋葱	2个	鲜迷迭香	1根	盐	12克
柠檬	2个	鲜莳萝	1根	黑胡椒碎	9克
白蘑菇	1个	手指胡萝卜	3根	橄榄油	40毫升
黑橄榄	2个	橙子	1个	白葡萄酒	少许
白萝卜	1个	豌豆	50克	黄油	30克
小番茄	1个	芦笋	3根	淡奶油	80毫升
小黄番茄	2个				

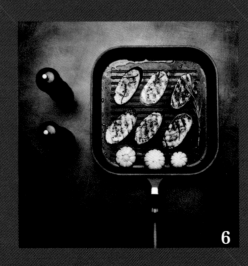

7

8

1. 将海鲈鱼切成75克大小的鱼块，并在表面撒盐3克和黑胡椒碎3克调味。

2. 中火热锅，放10毫升的橄榄油，鱼皮朝下放入锅中，用叉子轻压鱼肉，以防鱼皮收紧使鱼块卷曲，轻煎10分钟。

3. 为了保持肉块完整，煎制过程中不用翻面，用勺子将热油淋在鱼肉上，保证受热均匀。

4. 将白萝卜、青红椒、芦笋和手指胡萝卜切片，放入开水中，轻轻焯一下，过凉水备用。柠檬、橙子取皮，番茄切丁，黑橄榄切片，小洋葱切碎，备用。

5. 橙皮、柠檬皮切丝，焯熟，捞出放入之前准备好的番茄丁和黑橄榄片中。加盐3克、黑胡椒3克、橄榄10毫升搅拌调味，制成佐餐沙拉。

6. 西葫芦、白蘑菇切片，撒盐3克、黑胡椒3克。表面涂橄榄油5毫升，取扒锅，中火烧热，加入橄榄油5毫升，加入迷迭香、莳萝扒熟，使白蘑菇片和西葫芦片表面煎出扒纹。

7. 中火热锅，放入橄榄油10毫升，倒入之前焯好的蔬菜，再放入豌豆和小番茄、小黄番茄翻炒，期间加入15克黄油和盐3克调味。

8. 中火热锅，融化15克黄油，放入小洋葱碎，炒至金黄后加入白葡萄酒，收汁，最后加入淡奶油，熬出浓稠汤汁，最后摆盘装饰。

蛋 蛋 提 示

在西餐的传统习惯中，红肉佐红酒，白肉佐白酒，属于基本常识。在烹饪过程中，对葡萄酒的选用也按同样的原则，红葡萄酒中的单宁等元素能使红肉更软烂；而白葡萄酒口味清淡，微酸，非常适合用于鱼肉的烹饪，其中酸性物质能够很好地去掉鱼肉的腥气。尤其要注意的是，红葡萄酒千万不要搭配白肉，这可不仅仅是因为白肉会被染成奇怪的颜色，红酒还会让白肉腥气更加明显，并且带有金属的味道。

那不勒斯松枝饺子
（意大利）

分量：3~4人份

难度：★★★★★

准备时间：50分钟

烹饪时间：70分钟

有人不常做饭会觉得做饭"麻烦"，包饺子可以算是"麻烦"的元老了：和面、剁馅、拌馅、擀皮、包捏、煲煮、调汤、佐料……但如果细细体会，你就会发现，乐趣就藏在这"忙作一团"之中。

中国人总要面对老外"饺子和馄饨有什么区别"的难题，无独有偶，意大利饺子也有极相似的分类："Tortelli"和"Ravioli"一个像馄饨，弱质纤纤，飘逸得暧昧；一个像饺子，憨厚朴实，老实得可爱。

这款那不勒斯松针饺子，轻巧的皮包了鸡胸奶酪的馅料再对折起来，在老汤里煮得隐约透明。再做得小一点，意大利人就会叫它"爱神的肚脐"，名字就可爱得让人肝儿颤。

食材准备

主 料

牛肉馅	800克	松针	3束	帕玛森干酪	80克

主 料

牛肉馅	800克
雏鸡	1只
面粉	500克

辅 料

胡萝卜	2根
芹菜	2根
鲜百里香	2束

松针	3束
洋葱	2个
法香	30克
迷迭香	2束
大蒜	3瓣
牛奶	800毫升
开菲尔（乳酸菌粉）	5克
鸡蛋	9个

帕玛森干酪	80克

调味料

盐	14克
黑胡椒粒	2克
黑胡椒粉	8克
橄榄油	20毫升
波特酒	100毫升
水	600毫升

1　将牛奶加入开菲尔中，密封低温冷藏48小时。将雏鸡上的鸡肉剔下，备用。

2　洋葱、胡萝卜、芹菜切块，放入松枝半束、牛肉馅400克，还有剔下来的鸡骨、黑胡椒粒，加水300毫升，小火炖煮。

3　锅中倒入橄榄油，小火将鸡肉煎至金黄，煎制期间加入法香10克、迷迭香1束、百里香1束、松枝半束、大蒜2瓣、盐2克和黑胡椒粉3克。

4　将煎熟的鸡肉切成碎末状，然后再加入冷藏了48小时的牛奶开菲尔、帕玛森干酪50克、法香10克、盐2克、黑胡椒粉2克，搅拌均匀，灌入挤袋中。

5　将9个鸡蛋打破，分离蛋清、蛋黄，将蛋黄倒入面粉中，混合均匀，揉搓上劲，和好的面团用专业压面机压成面皮。压好的面皮需要用潮湿的布盖住备用，以免发干。

6　将步骤2中煮好的汤汁过滤后加入芹菜块、百里香1束、松枝1束，然后放入搅拌好的牛肉馅、法香10克、波特酒、盐5克、黑胡椒粉3克、大蒜1瓣、帕玛森干酪30克，加入大部分之前分离好的蛋清，搅拌均匀后打上劲备用。再加入用喷枪喷至焦煳的洋葱和胡萝卜，小火慢慢煮制，煮越久汤就会越入味。

7　取2个鸡蛋的蛋清，均匀地用刷子刷于面皮上，放入适量的鸡肉馅包好，取一锅清水300毫升，放入盐5克、松枝半束，开锅后放入包好的饺子，煮3分钟即可。

8　将煮好的清汤用纱布过滤，加入煮熟的饺子，用剩下的松枝装饰完成。

蛋 蛋 提 示

1　松针的外形挺直而翠绿，香气清新，十分独特。虽然在料理中并不常见，但松针可是具有较强抗衰老作用的一味药材呢。

2　如家里没有喷枪用煎锅煎制也是可以的，但是不用加油煎制。

3　煮制的同时需要用汤勺顺时针慢慢搅拌，以免煳锅。切记万万不可把牛肉馅搅散，如搅散，汤就会变得浑浊，达不到清汤的效果。

Aniello 来自意大利那不勒斯城，13岁起就在父母的餐厅开始体验厨师工作，后来有了走出那不勒斯的机会，他不仅学到了很多厨艺技巧，也增长了见识，甚至还接触到了国际化的厨房。他曾在米兰、威尼斯、佛罗伦萨、巴黎、伦敦和哥本哈根等地工作。

Aniello从学习制作料理的那天开始，就一直按照米其林星级标准来要求自己，如今已经成为世界顶尖大厨。他习惯于在传统料理中加入新的想法，比如今天这道松枝饺子，就是在他儿时和家人一起做的传统意式饺子基础上，赋予了特殊的创意灵感而成的。

龙虾青酱意大利面
（意大利）

分量：2人份

难度：★★

准备时间：30分钟

烹饪时间：30分钟

绿、白、红是意大利国旗的颜色，也是意大利的代表色。这三种颜色又恰好对应了意大利食物中最重要的部分——意大利面的三道特色酱汁：以罗勒、橄榄油、芝士等制成的青酱，以奶油、蘑菇为配搭的白酱，和以番茄为主制成的红酱。这道改良版的龙虾青酱意大利面，以橄榄油与罗勒叶为底，叶子浓郁的香气中透着淡淡的橄榄油清香，最后以大蒜的微辣收尾，将传统青酱的随意、洒脱表现得淋漓尽致。菜品中搭配的龙虾纤维感十足，又不失幼嫩口感，完美填补了青酱中肉质的空缺。

食材准备

主　料		罗勒叶	50片	帕玛森干酪	30克
意大利面（可根据个人喜		大蒜	5克	**调味料**	
好来选择不同种类）180克		迷迭香	2克	海盐	2克
辅　料		百里香	2克	盐	3克
波士顿龙虾	1只	法香碎	2克	橄榄油	40毫升
胡萝卜	1根	松子	25克	黑胡椒	2克
洋葱	半个	黄油	50克	肉豆蔻粉	3克
西芹	1根	牛奶	1000毫升	面粉	10克

1　洋葱切碎，胡萝卜切片，西芹切丁备用。锅中加适量水，烧开后加入切好的蔬菜，再次烧开，放入波士顿龙虾，中火煮5分钟后将龙虾捞出冷却，再捞出蔬菜，剩余汤汁留作煮面的高汤。

2　松子放入平底锅，中火翻炒上色；罗勒叶去掉枝，将叶片搅碎；将炒好的松子和搅碎的罗勒叶、大蒜、擦碎的帕玛森干酪10克、盐1克放入搅拌机中，倒入少许橄榄油搅拌，制成青酱泥。

3　平底锅小火加热，放入橄榄油10毫升和黄油25克，待黄油融化加入打好的青酱泥，小火翻炒1分钟。

4　加入牛奶，小火使青酱保持刚沸腾的状态，不停搅拌以免粘锅。

5　青酱中加入海盐和黑胡椒2克，再加入过筛的面粉、肉豆蔻粉和剩下的帕玛森干酪碎，继续熬煮搅拌直至黏稠，关火备用。

6　将备好的高汤加热煮开，放入盐2克和少许橄榄油，以开花状放入意大利面，煮10分钟左右（如喜好面条偏硬的，可以煮6分钟）。

7　龙虾沿背部一开为二，取百里香和迷迭香切碎，将百里香碎、迷迭香碎均匀地撒在龙虾肉上。平底锅加热后放入橄榄油10毫升和黄油25克至融化，放入龙虾煎至上色。

8　将煮好的意大利面捞出沥干，放入调制好的青酱汁中，加热拌匀摆盘即可。

蛋 蛋 提 示

1　龙虾不能煮太长时间，否则会导致虾肉缩水。

2　罗勒叶清洗后不能像普通蔬菜一样沥干，需要用毛巾将表面擦干，以保留其清香。

3　搅拌器的刀头在使用前放在冰箱里冷冻一下，可以避免因搅拌速度过快产生热量而导致青酱有苦味儿。

4　意大利面二次加热时，加入一些牛奶，即可将粘在一起的意大利面分开。

乔治·亚历山德罗·莫塔 热爱美食，擅长烹饪，尤其喜欢为家人、朋友烹饪美味大餐，他认为美食就应当与大家分享，其中温馨与幸福的味道是无与伦比的，乔治十分享受这种感觉。

乔治料理的基础记忆来源于他的祖母，回忆里的味道令他十分怀念。拥有美食专业素养的他，也是米兰当地小有名气的美食评论家，这道龙虾青酱意大利面是他的拿手作品。

埃及烤鸡
（埃及）

分量：4人份

难度：★★★

准备时间：40分钟

烹饪时间：60分钟

埃及的饮食特点就是对香料的妙用，他们会把生姜、大蒜、桂皮、豆蔻等食材干制、研磨成粉末或者直接用于烹饪。处理成香料的食材不但会保留原有的风味，还会使香气更加浓郁。

这是一道埃及人在重大场合招待上宾的传统菜肴。将鸡内填满事先焖熟的埃及米，再在鸡身外表均匀地涂满加入各种香料而制成的酱汁，经过烤制后，一拿出来，整个厨房便飘满浓郁的香味。

食材准备

主　料		胡萝卜	2根	小豆蔻	10克
整鸡	1只	小洋葱	4个	去皮番茄	1听
埃及大米	100克	肉豆蔻	1个	法国芥末	50毫升
辅　料		孜然粉	10克	调味料	
洋葱	2个	香叶	4片	橄榄油	70毫升
土豆	1个	姜黄粉	3克	鸡精	12克
紫叶生菜	1棵	咖喱粉	12克	盐	10克

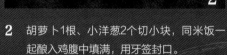

1 洋葱切碎；中火热锅，加入橄榄油10毫升，放入香叶2片、洋葱碎50克、埃及大米、孜然粉5克、盐4克和黑胡椒5克，翻炒后加入大约150毫升的水，翻炒至大米把水全部收干，关火盛出米饭。

2 胡萝卜1根、小洋葱2个切小块，同米饭一起酿入鸡腹中填满，用牙签封口。

3 取出大炖锅，煮一锅可以没过鸡的沸水，水中放入小洋葱2个、香叶2片、小豆蔻、海盐4克和黑胡椒5克，放入填好米饭的整鸡，加入鸡精6克，煮50分钟。

4 土豆、胡萝卜1根、番茄切厚片，取咖喱粉6克、姜黄粉、孜然粉5克、肉桂粉、鸡精6克、盐6克、黑胡椒5克和橄榄油30毫升，抓匀垫底。

5

5 将去皮番茄、法国芥末、牛至粉、咖喱粉6克和橄榄油30毫升放入碗中，挤入柠檬汁，搅拌均匀，将紫叶生菜铺在烤盘上，把煮好的鸡放用紫叶生菜和小番茄装饰的烤盘上。

蛋 蛋 提 示

1 要把内脏清理干净，不然可没有地方放米；放些胡萝卜和洋葱在里面；没有埃及米也可以用其他米替代。

2 料汁必须要涂抹均匀，最终烤制出来的鸡肉才会很入味。

Nalaa Amer 来自神秘的埃及，是一位不折不扣的埃及美人，她和曾任外交官的丈夫去了很多国家，同时也把埃及的烹饪精髓带到了世界各地。她的儿子Shady从小就为她帮厨，这道埃及烤鸡就是她和她儿子共同完成的一道完美作品。传统烤鸡在埃及十分受欢迎，在婚宴上能经常见到这道菜的身影，Nalaa热衷于将这道菜做给自己的家人、朋友，还有她来自美国、巴西、印度的好友们，他们都很喜欢。

火炙金枪佐鱼蓉沙冰
（意大利）

分量：1人份

难度：★★★★★

准备时间：60分钟

烹饪时间：60分钟

分子料理又叫分子美食学，它将化学或物理原理运用于烹饪上，让食物呈现出全新的状态和口感。它可以让马铃薯以泡沫状出场，让荔枝变成鱼子酱，当然，还可以让金枪鱼变成沙冰。

火炙金枪佐鱼蓉沙冰是一道超酷炫的分子料理，创意来自一道意大利菜——鲔鱼小牛肉，酱汁用金枪鱼、山柑和橄榄油做成。将金枪鱼调味、搅打、冷冻、烤制；最后再浇上用猪肩肉细细炖煮5小时的汤汁。炭火与液氮完美结合，听起来就不是一般的菜！

▌食材准备

主　料			大蒜	4瓣	日式铁板烧汁	50毫升
猪肩肉	1000克		欧芹叶	10克	大藏芥末酱	20克
金枪鱼	200克		红梗菜（装饰）	少许	大藏芥末籽	15克
辅　料			黄瓜苗（装饰）	少许	**调味料**	
苹果	30克		黄油	20克	橄榄油	320毫升
胡萝卜	1根		鸡蛋	2个	盐	5克
芹菜	1根		金枪鱼罐头	250克	胡椒碎	3克
洋葱	半个		水瓜柳	15克		

1 将胡萝卜、芹菜、洋葱切段，苹果去皮，备用；取一只锅，烧热，放入橄榄油20毫升煎制猪肩肉；另一只锅煎制洋葱块、胡萝卜段、芹菜段、大蒜2瓣和欧芹叶。待猪肩肉煎至褐色后，将黄油和猪肩肉放入炒蔬菜的锅中，再加入大藏芥末酱10克和去皮的苹果，加入水700毫升，小火炖制4~5小时（高压锅半个小时即可）。

2 将鸡蛋、大藏芥末酱10克、盐和黑胡椒碎加入搅拌机。边搅拌边加入橄榄油大约300毫升，再放入金枪鱼罐头、水瓜柳和大蒜2瓣继续搅拌，过滤后倒入奶泡枪，装上气泵，放入冰箱备用。

3 将液氮倒入金属容器中，将奶泡枪中混合液体打入液氮中，边打边迅速地不停搅拌，最后将搅拌好的混合物放入搅拌机打成沙冰，放入冰箱冷冻。

4 将新鲜的金枪鱼放在炭火上烤制，将表面烤熟。

5 把步骤1的酱汁过滤后，加入日式铁板烧汁
   收稠后，加入大藏芥末籽，浇在烤制好的金
   枪鱼上面，用红梗菜和黄瓜苗装饰完成。

蛋 蛋 提 示

1 芹菜、胡萝卜和洋葱可以加速脂肪分解，帮助吸收猪肉中的油。

2 芥末酱不仅能增味提香，还有抑菌防腐的功效。

3 步骤3建议有人协助，必须戴手套操作，因为液氮的温度能达到零下196℃，以免被冻伤。

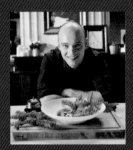

Aniello 这道菜的大厨是来自北京四季酒店的Aniello。这是他继那不勒斯松枝饺子之后再次发挥奇思妙想的作品，将家乡的传统菜肴鲔鱼小牛肉与最前沿的料理方式相结合。这是传统烹饪与创新技术的美妙碰撞。

小肉丸手工意大利面
（意大利）

分量：1人份

难度：★★★

准备时间：30分钟

烹饪时间：120分钟

据不完全统计，在意大利，有一百多种不同形状的面：字母面、通心面、螺旋面、大通心面、大扇贝面、蝴蝶结面、斜管面等。每种意大利面都有着各自的特点，对酱汁的吸附能力也不尽相同，酱汁的成分和质地，也会影响面条的口感。这款使用乐器"弹奏"出来的手工意大利面，搭配经典意式红酱与小肉丸，面不软不硬不多不少，酱汁既不清淡也不厚腻，吃上一口，立马带你漂洋过海来到意大利！

食 材 准 备

主 料

猪肉馅	50克
牛肉馅	50克
羊肉	150克

辅 料

高筋面粉	60克
低筋面粉	40克
三文尼那粉	40克

帕玛森干酪	15克
山羊奶酪	15克
黄油	5克
鸡蛋	4个
洋葱	20克
番茄	30克
去皮番茄汁	100毫升

调味料

盐	18克
橄榄油	25毫升
干辣椒碎	15克
黑胡椒	4克
白胡椒	2克
白葡萄酒	20毫升
面汤	15毫升

1　番茄酱汁：洋葱切丝、番茄切丁、羊肉切
　　块备用，用橄榄油10毫升炒制洋葱丝10克
　　至半透明状后，加入羊肉、去皮番茄3个、
　　番茄丁15克、盐7克和适量的水，煮制2个
　　小时。

2　制作肉丸：取猪肉馅和牛肉馅，加入帕玛森
　　干酪5克、盐3克、黑胡椒2克，搓成直径1
　　厘米大小的肉丸，放入冰箱备用。

3　制作手工面条：取高筋面粉、低筋面粉、三
　　文尼那粉、盐3克、鸡蛋、水20毫升混合，
　　揉制20分钟，封好保鲜膜放到冰箱醒面30
　　分钟。将醒好的面拿出，用压面机（专用压
　　面机）每压一回需要把面片相互折一下，为
　　了面条的口感更好，把压好的面皮用专用模
　　具擀成面条。取清水280毫升煮开，放入盐
　　2克、橄榄油5毫升，放入面条，煮3分钟捞
　　出控水，备用。

4　小火热锅，加入橄榄油10毫升，放入干辣
　　椒碎、洋葱丝10克和肉丸，小火翻炒定
　　型，加入盐3克、黑胡椒2克、白胡椒、白
　　葡萄酒和番茄丁15克，再加入步骤1做好酱
　　汁混合。

5　煮好的面条放入酱汁小火翻炒，出锅前加入帕玛森干酪10克、山羊奶酪、面汤15毫升和黄油，装盘即可。

蛋 蛋 提 示

1　煮面时，放些盐会让面熟得更快，而橄榄油可以让面不被粘连。

2　用硬面粉做手粉，可以让面团更有弹性。

3　擀制过程中加入两种面粉，会让面团更加柔软。

4　炒肉丸时，火要小一些，肉丸形状才会固定。

Marino D'Antonio 和家人一起制作料理时，开启了探索世界美食的大门。丰富的米其林餐厅工作经验，让他迅速成长为一名大师级的意大利厨匠。尽管如此，在厨房研发新料理才是Marino最喜欢做的事情。

这道意大利北部血统纯正的意大利面，就是出自Marino之手。以前他的奶奶一直将这道菜做给他吃，后来，他的妈妈也学会了，对他来说，这不仅仅是一道简单的饭食，还包含了许多的回忆和情感。他认为在中国的10年，这道意大利面带给他很多力量，也带给他很多幸运。

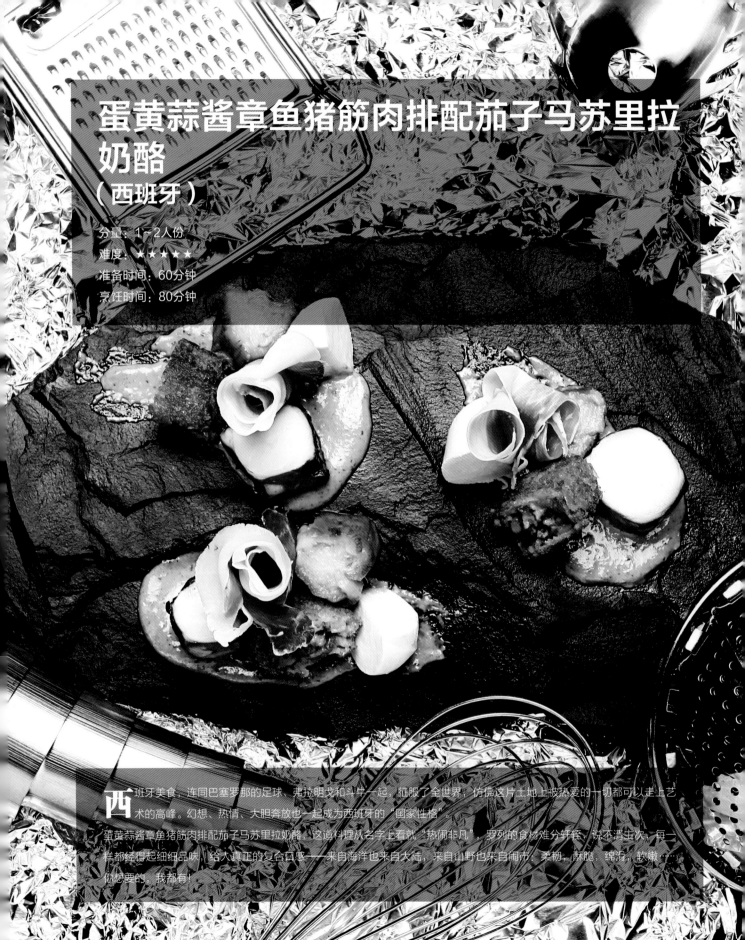

蛋黄蒜酱章鱼猪筋肉排配茄子马苏里拉奶酪

（西班牙）

分量：1~2人份

难度：★★★★★

准备时间：60分钟

烹饪时间：80分钟

西班牙美食，连同巴塞罗那的足球、弗拉明戈和斗牛一起，征服了全世界，仿佛这片土地上被热爱的一切都可以走上艺术的高峰。幻想、热情、大胆奔放也一起成为西班牙的"国家性格"。

蛋黄蒜酱章鱼猪筋肉排配茄子马苏里拉奶酪，这道料理从名字上看就"热闹非凡"，罗列的食材难分轩轾，说不清主次，每一样都经得起细细品味，给人真正的复合口感——来自海洋也来自大陆，来自山野也来自闹市。柔韧、酥脆、绵滑、软嫩……你想要的，我都有！

食材准备

主　料			大蒜	2瓣	面粉	50克
猪蹄	1个		洋葱	半个	面包糠	50克
猪肘	1个		松子	30克	香叶	1片
伊比利亚火腿片	4片		鲜罗勒	60克	**调味料**	
大章鱼须	1根		帕玛森干酪	20克	橄榄油	90毫升
辅　料			蛋黄酱	50克	海盐	40克
茄子	1个		鲜马苏里拉奶酪	1块	黑胡椒	12克
胡萝卜	半根		鸡蛋	3个	白醋	1勺

1 大锅加水煮开，加海盐20克，大章鱼须放进水中上下3次，然后继续煮制50分钟，捞出后切下章鱼须备用。

2 猪蹄和肘子拿白醋涂抹表面去腥，放进锅里加海盐10克、黑胡椒4克、香叶、胡萝卜、洋葱和大蒜1瓣，煮5个小时（如用高压锅，只需30分钟）。

3 制作青酱：将鸡蛋1个、大蒜1瓣、松子、罗勒叶、海盐5克、黑胡椒4克、橄榄油放入料理机，搅拌2分钟，再加帕玛森干酪继续搅拌20秒，最后加入蛋黄酱30克，搅均匀备用。

4 将煮好的猪蹄和肘子切碎，加海盐5克和黑胡椒4克调味，放入蛋黄酱20克，一起搅拌，准备一个长方形的模具铺上保鲜膜，把搅拌好的猪肉放入模具中，压平成型后，放入冰箱冷藏1小时。

5　在明火上烤茄子，烧到表皮焦黑，用保鲜膜裹起来备用。

6　取出成型的猪肉块，切成长细条，依次粘面粉、打好的蛋液、面包糠；锅里放油（3厘米左右深），小火炸至
　　金黄，捞出备用。

7　中火热锅放橄榄油10毫升，将章鱼须表面煎上颜色，捞出切成3厘米长的段，与马苏里拉奶酪和帕尔玛火腿
　　一起装盘即成。

蛋 蛋 提 示

1　章鱼在煮熟以后，会紧缩起来，铺一层保鲜膜，再取出的时候会比较方便。

2　把肉冻均匀裹上面粉，然后再裹蛋液，不然煎的时候肉排会开裂。猪筋肉排煎至金黄色即可，毕竟里面已经
　　熟了，同样，煎章鱼也是表面煎脆就好。

Aitor Olabegoya 来自西班牙巴塞罗那在孩提时代就梦想成为一名厨
师，他很享受每一次品尝美味的过程。他16岁时便进入厨房，开启自己的厨师生
涯。他从接触甜品开始，慢慢将烹饪变成一种生活方式，直到现在，他都无法舍弃
厨房，无法舍弃自己从小到大的梦想。

在传统的地中海料理基础上，做出独具创意的改良是Aitor最擅长的事。这道菜
对Aitor来说，是一种特别的存在，他偶然间将来自不同生活环境的章鱼和猪
肉结合创作，一海一陆，就这样完美融合。

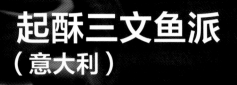

起酥三文鱼派
（意大利）

分量：2～4人份

难度：★★★

准备时间：30分钟

烹饪时间：30分钟

吃了那么多苹果派、草莓派、香蕉派，是时候尝试一下咸派了。酥脆表皮里大块的三文鱼和融化的奶酪让人十分满足，欲罢不能。

三文鱼也叫萨门鱼，是西餐中较常用的鱼类食材，好的三文鱼纹理清晰、肉色红润。三文鱼的每一个部位都有其最适合的烹饪方式：鱼头适合做汤、鱼排适合油煎、鱼片适于做刺身、鱼尾和鱼骨更适于煲汤，鱼皮炸制成脆片就是美味的零食。

食 材 准 备

主 料		橄榄油	5克	柠檬	1个
三文鱼	250克	马苏里拉奶酪	30克	盐	5.5克

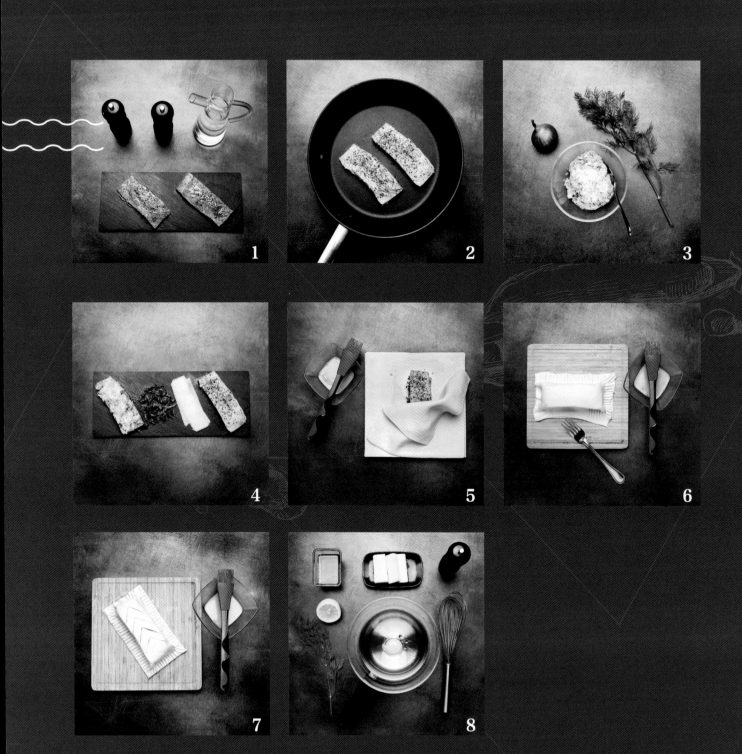

1 烤箱200℃预热，把三文鱼切成1.5厘米厚、5厘米宽、12厘米长的三文鱼块，在鱼肉表面上撒少许盐和少许黑胡椒，并在鱼肉上表面轻涂橄榄油。

2 中火热锅，快速将鱼肉表面煎熟。

3 小洋葱切末；取一只沙拉碗，加入黄油、莳萝3克、小洋葱末、少许盐和黑胡椒克，搅拌灼匀。

4 把混合好的馅料与马苏里拉奶酪、罗勒放在鱼肉上，用另一块鱼肉盖在上面。

5 把鱼放在派皮上，四周刷蛋液，把另外一张派皮盖在鱼肉上。

6 用叉子在面皮边缘按压出装饰花纹。

7 用刀去除多余部分，在鱼派的表面均匀抹上蛋液。烤箱200℃预热，烤制30~35分钟。

8 制作荷兰汁：蛋黄放在碗里，加两勺水后，隔水加热一直搅拌成白色稠状，一边搅拌一边放入清黄油（将黄油融化后静置一段时间，取上层的半透明液体油脂），最后放入柠檬汁、莳萝3克、法国芥末、蜂蜜和少许盐调味，完成。

蛋 蛋 提 示

1 这道料理中将三文鱼片稍稍煎制，只是为了锁住水分，可不要煎太久哦。

2 在西餐中为主食材淋上美味酱汁调味是十分常见的料理环节，各种酱汁经过厨师的巧手和秘方成为食客大快朵颐的催化剂，普遍来讲所有的酱汁都是由红酱、白酱、蛋黄酱、烧烤酱等几种基础酱演变而来的。今天使用的荷兰汁就是蛋黄酱的一种改良版本。

Daniele Salvo 出生在意大利，他的家庭是那不勒斯最有名的披萨世家之一，他从小就接受传统意餐烹饪的训练。但他今天却没有为我们带来披萨，也没有做意大利面，而是做的这道充满故事与回忆的三文鱼派。在Daniele 17岁时，他遇见了一个来自北欧的女孩，这道三文鱼派就是记忆中的女孩做给他吃的第一道料理，在品尝美味的同时，他感受到了美食传递的幸福。丰富的食材，就像温暖的阳光一样，让他爱上了这道菜，也与女孩迅速坠入了爱河。

煎带骨牛排配土豆泥
（智利）

分量：3~4人份

难度：★★★

准备时间：30分钟

烹饪时间：50分钟

和牛原产日本，牛肉有着好看的大理石花纹，肉质油润肥美，被叫做"雪花肉"。在日本，和牛被视为"国宝"，其在西欧市场也极其昂贵，号称世界上最贵的牛肉。和牛按可食用比率分A、B、C级，又按油花等级分1~5级，也就是分为A1~A5、B1~B5、C1~C5，共15级，脂肪分布、肉的色泽和松紧程度、肉质纹路肌理都是考核标准，其中A5级是和牛中的顶级。牛肉分为上脑、西冷、肋眼、T骨等不同位置，其中西冷牛肉脂肪分布均匀、纹理漂亮，是煎制上好牛排的最佳选择。

食材准备

主　料			红彩椒	1个半	牛奶	1000毫升
和牛肉	800克		青椒	1/4个	玉米淀粉	10克
辅　料			洋葱	1/4个	辣椒粉	10克
去皮番茄	50克		香菜	20克	调味料	
萝卜	80克		欧芹	20克	胡椒	6克

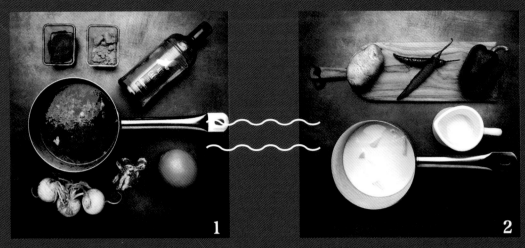

1 切下一小块牛肉，切成肉碎；萝卜切丁；橙子去皮；锅中放入皮斯科酒，加入黄糖、去皮番茄、萝卜丁和去皮橙子，最后放入和牛肉碎，搅拌均匀，小火炖煮。

2 土豆去皮切丁，放入锅中，用牛奶煮熟，将整个的红辣椒、红彩椒用喷枪烤至表面焦黑，用刀轻轻刮掉黑色表面，切成小块倒入牛奶锅中。

3 番茄去皮、去籽、切丁，1/4个红彩椒、青椒、洋葱切丁，香菜、欧芹切碎，全部倒入容器，最后加入橄榄油和白醋各一半，没过食材。

4 将步骤1中汤汁过滤后煮至黏稠，收汁。

5 将煮熟的牛奶土豆倒入搅拌机,加入辣椒
粉、黑胡椒、盐,然后打成泥。

6 将牛肉煎至表面金黄,七成熟,切块摆盘,
浇汁即可。

蛋 蛋 提 示

在西餐中,牛排根据煎制的程度分为三分、五分、七分或全熟。半成熟的牛排煎制完成后,需要等待5分钟再
切开。这种静置过程十分重要。高温会将水分锁在牛肉中,这时的牛肉软嫩可口,汁水丰富,会保留牛排的最
佳口感。

Jorge Velallita 这个来自西班牙的小伙子和他的朋友们在1988年发现,
智利南部地区生长的牧草非常特别,有良好的卫生环境和气候,于是他们一起将原产
自日本的和牛品种,引入了智利南部的农场。
如今他们一起开办的农场,已经成为日本和牛的最大境外养殖地。这道煎带骨牛排配
土豆泥是智利一道传统美食,用的就是他们农场养殖的和牛。

芥末兔肉
（法国）

分量：2~3人份

难度：★★

准备时间：30分钟

烹饪时间：30分钟

芥末兔肉是来自法国乡村的美食，猎人们若是在傍晚背着猎枪满载而归，全家人就可以围炉享用这一餐野味。兔肉有
"荤中之素"的称号，蛋白质含量比一般肉类都高，脂肪和胆固醇含量却是肉类中最低的，甚至可入药。而芥末和酒都
是极佳的提鲜佐料。煎煮相承的烹调，也让口感十分丰富，肉质多汁又蓬松。

这道料理不仅简单易做省时间，还能让你放心地大快朵颐，不用担心热量过高，是周末家庭聚餐的不二之选。

食 材 准 备

主　料		法香	50克	大藏芥末籽	50克
兔腿	4只	小番茄	2个	淡奶油	120毫升
辅　料		黄油	5克	**调味料**	
白口蘑	15个	白兰地	150毫升	盐	17克
大蒜	1瓣	白葡萄酒	100毫升	胡椒粉	17克
鲜迷迭香	1根	大藏芥末酱	30克	橄榄油	15毫升
鲜百里香	1根				

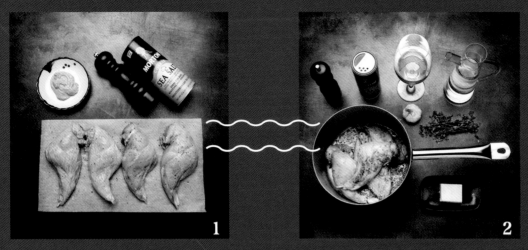

1　在兔腿表面撒上适量的盐、胡椒粉，并在表面均匀涂抹大藏芥末酱。

2　中火热锅，将适量橄榄油和黄油放入锅中，待黄油融化后，放入兔腿、大蒜、迷迭香、百里香、部分胡椒粉和白葡萄酒，将兔腿煎至金黄。

3　大火热锅，倒入白兰地，点燃，使白兰地充分地燃烧，将自然熄灭的白兰地均匀浇于兔腿上。

4　中火热锅，加入剩余橄榄油，将白口蘑十字刀切成4块，放入剩余盐、胡椒粉和法香翻炒。

5 把兔腿取出，在锅中加入大藏芥末、大藏芥末籽以及淡奶油。

6 把兔腿、小番茄放入锅中，拌匀即完成。

蛋 蛋 提 示

1 法香末要晚点放，放太早是会变色的。

2 用淡奶油制作的酱汁，味道香浓，口感醇厚。一般来说，淡奶油需要打发后用于裱花或制作蛋糕，当奶油出现纹路，提起后形成短尖，就是最好的打发质量了。

Sylvain Hupont 来自法国，他曾在一位星级大厨的手下学习3年，拿到了所有的厨师证，成为一名真正的厨师。之后他去了许多国家旅行，现在入行厨师业已近30年，在他的家乡也是小有名气。

虽然他做过的美味佳肴数不胜数，但祖父手把手教的芥末兔肉，才是他最为得意的拿手好菜，虽然普通，味道却令人难以忘怀。这也是他向他祖父学习制作的第一道菜，这道菜在二战期间开始流行，那时的食材较为稀缺，肉类也极少，人们便在森林中狩猎，数量较多的兔子就成为了目标，这道芥末兔肉因此成为流传至今的美味菜肴。

意大利烩饭配香煎鳕鱼
（意大利）

分量：1人份

难度：★★

准备时间：30分钟

烹饪时间：20分钟

意大利菜影响了整个欧美的餐饮习惯，连法国菜都算是它的"子嗣"。意大利烩饭，就是最传统的意大利菜了，色彩明艳、味道郁厚，无论是看颜值还是看内涵，都赢得大张旗鼓，毫无悬念。有人说，意大利烩饭无论怎么吃都是夹生的感觉，但意大利人会说"就是这样才有口感"，毫不掩饰其个性。

一碗骄傲的意大利烩饭，上面卧一块来自挪威冰冷纯净海域的北极鳕鱼，极鲜的美味扑面而来，这大概就是美食最绝妙的配搭了。

┃食材准备

主　料

鳕鱼　　　　100克

辅　料

松子　　　　5克

罗勒叶　　　10克

黄油　　　　50克

蔬菜高汤　　150毫升

卡纳罗利米　150克

帕玛森干酪　80克

大蒜　　　　2瓣

红洋葱　　　80克

番茄汁　　　60毫升

鲜百里香　　15克

调味料

盐　　　　　12克

黑胡椒　　　12克

橄榄油　　　90毫升

1 红洋葱切碎后放入煎锅，倒入适量橄榄油，加入卡纳罗利米翻炒，加入一勺蔬菜汤（西芹、胡萝卜、洋葱加入水中，提前煮30分钟），加入盐5克、黑胡椒5克调味。

2 煮片刻后，加入两大勺番茄汁（番茄去皮打碎）、盐5克和黑胡椒5克，改大火煮12分钟。

3 然后改小火，加入黄油，再煮5分钟，关火。加适量帕玛森干酪和橄榄油，搅拌均匀，装盘，用青酱装饰（青酱：松子、罗勒叶、适量帕玛森干酪、适量橄榄油用料理机打成酱）。

4 大蒜、盐2克、黑胡椒2克、百里香腌制鳕鱼块，热锅加入适量橄榄油，将百里香、大蒜放入锅中，中火煎至金黄成熟，然后摆盘完成。

蛋 蛋 提 示

1 洋葱放入冰箱中冷藏，10分钟之后再切，是种不辣眼的好办法。

2 用罗勒叶、松子和橄榄油为主要食材做的青酱，是意大利美食中的常见元素。由于青酱中的罗勒叶容易变色，加一点柠檬汁并用橄榄油封面，不仅可以丰富口感，还可以让青酱保存得更加持久新鲜。

3 煎鱼时一定要用小火，不然会烧焦鱼皮，而且鱼肉也会夹生。

Mauro Portaluppl 来自浪漫之都——米兰，他从15岁起就

开始在米其林餐厅的厨房工作，和多家著名的餐厅有过多次合作，在撒丁岛的5年经历对他有着重大意义，是他职业生涯中重要的历史时刻。

专业的经历让马罗对食材的选择有着极其严苛的要求，他现在的目标就是能在中国经营一家属于自己的高级意式餐厅。

圣诞节水果烤火鸡
（北美）

分量：6~8人份

难度：★★★

准备时间：40分钟

烹饪时间：120分钟

在传统的圣诞餐桌上，烤火鸡是不可缺少的菜肴。据说英国人刚移居美洲时，当地除了满山遍野随处可见的火鸡外，几乎没有别的食物，便只能烤火鸡过节。火鸡的体型比家养的鸡大许多，羽毛颜色不鲜艳，但肉中蛋白质含量高，富含多种氨基酸，对提高人体免疫力和抗衰老有较好功效。但是由于火鸡肉比较难买，因此质量上乘的其他鸡肉也是不错的备选。圣诞烤鸡的做法很多，冷腌的方法能让鸡肉保持细嫩，虽然多花点时间，但它是众多烤火鸡方法中的最佳选择。

食材准备

主　料		菠萝	2个	调味料	
火鸡	1只	**辅　料**		苹果酒	9瓶
大蒜	6瓣	小土豆	6个	海盐	60克
迷迭香	5根	牛油果	1个	香叶	6片
鼠尾草	4根	小南瓜	1个	八角	8颗
百里香	4根	橄榄油	30毫升	黑胡椒	3勺
橙子	4个	蜂蜜	30毫升	多香果	1勺
柠檬	2个	黄油	20克	杜松子	1勺
洋葱	2个	迷迭香	5根	肉桂	2根
苹果	3个	红酒	60毫升		

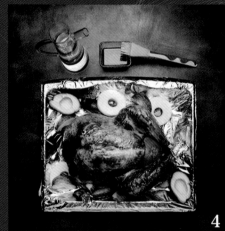

1. 首先制作冷腌汤，将苹果酒全部倒入锅中煮开，放入海盐50克、大蒜、香叶、迷迭香4根、鼠尾草、百里香、八角、黑胡椒、多香果、杜松子、肉桂，加水1000毫升，待汁冷却后将橙子3个、柠檬分别切成6瓣，洋葱切成洋葱圈，放入冷却的汤汁中。

2. 将海盐10克涂抹在火鸡表面揉搓片刻，放入密封袋，将汤汁倒入密封口袋，放入冰箱腌制12小时。

3. 将腌制好的火鸡取出，将苹果2个、菠萝1个、小土豆切块，填入火鸡腹中，用1个完整的橙子堵在火鸡封口处，最后用料理绳将火鸡拴住，放在烤盘上，盖上锡纸，放入烤箱170℃烤2小时即可。

4. 取出火鸡，将火鸡身上的锡纸去掉，用锡纸包裹住火鸡的翅尖部分，将1个苹果、牛油果、1个菠萝、小南瓜都切成大块垫在烤盘下，鸡身刷橄榄油、蜂蜜，再烤15分钟。

5. 取火鸡及水果，留汤汁备用；平底锅融化黄油，将烤盘中剩余汤汁倒入平底锅，加迷迭香1根、红酒加热至汤汁收浓，最后浇在火鸡上即可。

蛋 蛋 提 示

把冻得硬邦邦的火鸡完全解冻，蛋蛋推荐在冰箱里解冻会比较稳妥，火鸡不拆开包装放入冷藏室，根据实际重量每公斤等待48小时就可以了。如果是在室温下解冻，那么就需要将同样未拆开包装的火鸡浸入冷水中，千万别用热水，否则火鸡可能会被烫熟，还会导致细菌滋生。

霍思燕、杜江 无论是荧屏上，还是生活中，杜江、霍思燕夫妇都是令人羡慕的一对。他们两位除了在影视圈获得不菲的成绩，在家庭生活中也是模范夫妻。他们的厨房中，不只有美食的香气，更有幸福的味道。

这是一个爱美食爱烹饪的家庭，两年前吃到的圣诞火鸡令他们印象深刻，遂向主人家讨教了美食的配方和步骤。从买菜到烹饪，再到最后美食成品的完成，都通过两人的双手亲自呈现给他们的亲朋好友。他们相信，这样一道有颜值有内涵的圣诞烤火鸡，一定会成为朋友圈的焦点。

传统英式烤鸡
（英国）

分量：4～5人份

难度：★

准备时间：30分钟

烹饪时间：30分钟

除了我们熟知的英式炸鱼薯条，英国人还十分爱吃烤肉，有名的Sunday Roast就是一道经典的烤肉大餐。它起源于工业革命时代的约克，通常是英国人星期日与家人一起去完教堂后，从下午两三点一直吃到四五点的聚餐美食。

如今的Sunday Roast早已不再局限于星期天，也不仅仅只是烤牛肉了。羊肉、鸡肉也都可以用来制作烧烤大餐，由于鸡肉口感更为细嫩，烤鸡越来越流行。对大多数英国人而言，在家享用家人烹饪的烤肉是英国饮食文化的重中之重，就像中国的年夜饭，这一餐不仅仅代表美食，更代表了与家人朋友齐聚一堂的欢乐时光。

▌食 材 准 备

主　料		**蘑菇**	100克	**调味料**	
整鸡	1只	**香菇根**	40克	橄榄油	15毫升
辅　料		**大蒜**	11瓣	盐	15克
土豆	800克	**鲜百里香**	31克	黄油	65克
胡萝卜	650克	**红洋葱**	1个	黑胡椒	15克
芦笋	650克			鸡高汤	150毫升

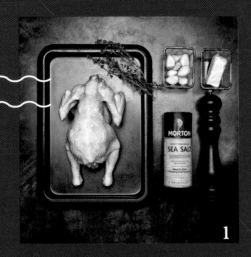

1　将鸡脚及鸡头去掉，把鸡胸部分的肉和皮分开；大蒜4瓣切片，百里香一半取叶，填入鸡胸肉和皮中间，在鸡身中加少许盐、黑胡椒，最后在皮肉之间塞进适量黄油封口，再将外皮上撒上少许蒜片、百里香末、盐、黑胡椒，抹上一层黄油，用锡纸盖好后，烤箱160℃预热，放入烤箱烤制15分钟。

2　红洋葱切丝，剩余百里香切末，蘑菇根切片，剩余蒜切末。取一口锅，将洋葱丝放入锅中，小火轻微翻炒，炒至软烂后放入蒜末、蘑菇根片和百里香末，炒香后加入鸡高汤，煮稠收汁后备用。

3　胡萝卜、土豆切大块；另取一平底锅，倒入适量橄榄油，加入适量黄油，放入土豆块煎制，撒上少许盐、黑胡椒、蒜末和百里香末，充分混合后放入烤箱烤制30分钟。同一平底锅，倒入橄榄油，加入适量黄油、胡萝卜块、少许盐和黑胡椒炒至上色；取出烤鸡去掉锡纸，把胡萝卜放在烤鸡的烤盘中，再放入适量百里香末，然后放入烤箱继续烤制15分钟。

4　同一平底锅，倒入剩余橄榄油，放入黄油后，将洗净的蘑菇底部朝上放入锅中，翻面后撒少许盐、黑胡椒、蒜末和百里香末，煎熟；待烤箱内的食物烤好后一起摆盘。把芦笋根部折断，另取一锅水放入少许盐，轻微煮一下捞出，倒掉煮芦笋的水，锅中放适量黄油，加入少许盐、黑胡椒，让芦笋包裹上黄油后盛出摆盘，最后将做好的洋葱汁倒入小锅内，摆盘即可。

蛋 蛋 提 示

黄油有两种，动物黄油和植物黄油。两者原料分别是牛奶和植物油。蛋蛋认为，价格更高、保存时间更短的传统动物黄油，才是更能凸显美味的催化剂。

Tim John Hunt 主厨毕业于利兹城市烹饪艺术学院。他曾在三亚喜来登假日酒店担任餐饮总监，在上海世茂皇家艾美酒店担任行政总厨。丰富的工作经验使Tim拥有扎实的烹饪技巧，而对料理的热爱也让他在工作中充满活力与激情。

这位旅居中国多年的英国绅士，为我们带来的是一道传统英式烤鸡，大家一起分享他记忆深处最正宗的英国味道吧。

酿馅小鱿鱼配自制鱼子黑蒜汁
（西班牙）

分量：1人份

难度：★★★★★

准备时间：40分钟

烹饪时间：40分钟

如果家里没有传统的猪肉肠衣，可以用什么代替它来制作香肠？怎么运用平凡的食材制作看起来和尝起来都不寻常的料理？

鱿鱼作为一种口感独特味道鲜美的海洋食材，在很多的烹饪体系中都有着特殊的地位，选用它做香肠的肠衣，别有一番地中海风味。很多人容易将鱿鱼、墨鱼、章鱼混淆，其实它们还是很容易区分的：鱿鱼身体细长且柔软；墨鱼身体宽大敦厚，两者都长着10只触手；而章鱼圆圆的身体上，有着8只布满吸盘的腕足。三者都长有墨囊，那是它们在大海中生存的防御武器。

食材准备

主 料		黑蒜	6瓣	调味料	
小鱿鱼	3条	小洋葱	4颗	盐	12克
辅 料		大蒜	3瓣	黑胡椒	12克
自制猪肉香肠	150克	墨鱼汁	40克	橄榄油	140毫升
香菜	100克	氯化钙	10克	意大利黑醋	20克
红菜头	1个	海藻酸钠	2.5克	小洋葱花	1盒

1. 黑蒜墨鱼汁：将黑蒜一分为二，加少量的清水，加盐3克、黑胡椒4克，小火慢煮直至水分收干，放入搅拌机里加入橄榄油60毫升搅拌，待搅拌细腻以后捞取搅拌机底部黑蒜较稠的部分与墨鱼汁混合搅拌，之后在搅拌好的墨鱼黑蒜汁中慢慢地加入黑蒜油上层部分和意大利黑醋10克，混合至质地细腻后备用。

2. 小洋葱去皮，放在锡纸上，撒盐3克、黑胡椒4克、橄榄油10毫升，然后将包汁葱的锡纸封门，放讲烤箱里烤15分钟，再将烤好的小洋葱取出剥成片。

3. 自制鱼子：红菜头去根，加水、盐3克，开火煮40分钟；然后去皮，加水打成蓉，过滤冷却，取适量水放入氯化钙搅拌均匀；将冷却好的红菜头汁加入海藻酸钠，搅拌均匀灌入挤瓶，然后一滴一滴地滴入氯化钙水中，滴完以后捞出，放进香菜油里混合，备用。

4. 把小鱿鱼的内脏及骨头去掉，取头的部分抽去粗筋膜，然后将自制猪肉肠的里的猪肉馅酿在小鱿鱼的头里，备用。煎小鱿鱼：橄榄油10毫升、黑胡椒4克、盐3克、大蒜片，大火煎制小鱿鱼；确保小鱿鱼里的肉馅全熟以后，改小火将剥好的小洋葱瓣放入煎鱿鱼的锅里，放入黑醋10克和备好的红菜头汁，翻炒均匀后，摆盘，加小洋葱花装饰即可完成。

蛋 蛋 提 示

香菜油做法：香菜去根，加入橄榄油60毫升，放进搅拌机里打碎，然后取一口锅烧热，把打碎的香菜橄榄油混合物放进锅内，烹一下，让香菜的香味出来，然后过滤，香菜油制作完成。

Talib Hudda 来自加拿大，从小就对美食料理心生向往，从14岁开始就投身厨房，凭借着无限的热情与丰富的创造力，在餐饮行业打拼出自己的一片天地。

Talib拥有丰富的游学经历，这不仅开阔了他的眼界，也让他对美食有了更深的了解。最擅长北欧风情和地中海风情的料理的Talib，也喜欢在传统美食的基础上增添自己的创新设计，因此受到了广大美食爱好者的喜爱。

轻煎伊比利亚猪肉佐椒蓉
（西班牙）

分量：1人份

难度：★★★★

准备时间：10分钟

烹饪时间：50分钟

香 嫩多汁的猪里脊，搭配清甜微酸的番茄饼、伊比利亚特级火腿，再加上独家秘制的猪肉烧汁、青椒酱、lioli，这道精致又美味的猪肉料理，让你足不出户就能充分享受西班牙大餐！

┃食材准备

主 料

猪骨	2根	番茄	2个	黑胡椒	6克
伊比利亚火腿片	4片	青椒	4个	橄榄油	20毫升
伊比利亚猪里脊	250克	洋葱	1个	色拉油	85毫升
		面粉	20克	红梗菜	少许
辅 料		**调味料**		三色堇	少许
芹菜	2根	盐	16克		

1 猪骨烧汁：将3瓣蒜压碎放入锅中，加橄榄油10毫升，洋葱切块放入，开中火后放入番茄1个、芹菜段以及猪里脊剔下来的肥肉部分 。将猪骨放入预热200~250℃的烤箱烤30分钟左右取出，将烤好的猪骨放入锅中，加入清水小火慢煮60分钟收稠汁，过滤备用。

瓦伦西亚芭爱雅
（西班牙）

分量：2~3人份

难度：★★★★

准备时间：30分钟

烹饪时间：60分钟

西班牙海鲜饭，西餐三大名菜之一，与法国蜗牛、意大利面齐名。作为西班牙最具代表性的美食，它里面包含了西班牙人最熟悉的故乡味道。

它源于西班牙鱼米之都——瓦伦西亚，芭爱雅在当地语言里是"锅"的意思，因为是用平底锅做的菜所以叫芭爱雅海鲜饭。

以艮米为原料，佐以藏红花这味名贵的香料，使得米粒金黄璀璨。饭中点缀着许多虾、螃蟹、牡蛎、鱿鱼，热气腾腾，令人垂涎。

食材准备

主 料		**蒜蓉**	20克	**迷迭香**	15克
整鸡	1只	百里香	20克	**调味料**	
辅 料		胡萝卜	2根	橄榄油	40毫升
大米	80克	番茄	1个	番茄酱	35克
扁豆	60克	大蒜	1头	西班牙辣椒粉	10克
白芸豆	50克	大葱	2根	盐	5克
芹菜	40克	洋葱	1个	藏红花	3克
洋蓟	50克	柠檬	1个	香叶	2片
法香	20克				

1　切半只鸡的鸡肉，备用。剩下的鸡肉和鸡骨切块，大葱切段、芹菜、胡萝卜、洋葱切块，与鸡肉一同放入锅中煮1小时左右，煮的过程中放入切好的半个番茄块、百里香和法香以及剥好的大蒜1头。

2　将剩余番茄切块，锅中放入橄榄油20毫升，将番茄煎至熟软，放入料理机中搅拌成泥，白芸豆需要提前一天放入水中浸泡一晚。藏红花包在锡纸中在火上烤5~10分钟，放入容器中加水备用。

3　平底锅中放入橄榄油20毫升，煎制之前切下的鸡肉，将鸡肉煎熟后，放入扁豆煎熟，依次将蒜蓉、西班牙辣椒粉、番茄酱、煮好的鸡汤、大米、盐、藏红花汁、白芸豆、洋蓟、迷迭香、香叶放入锅中，翻炒至没有水分后放入烤箱，烤制12分钟。装盘，放入4瓣柠檬装饰，完成。

蛋 蛋 提 示

1 蔬菜块可以切大一点，煮汤的时候才能吸收更多的油脂。

2 洋蓟是一种长得像花一样的蔬菜，在欧洲有"蔬菜之皇"的美誉。它的味道甘甜鲜润，有核桃仁的香味，烹
　　调后可以搭配调味汁食用，或者作为沙拉以及开胃菜。花蕾中的花苞以及花托，都是它的食用部位。

Alejandro Sanchez 学会的第一道料理，就是来自故乡的瓦
伦西亚海鲜饭，这是他10岁的时候跟妈妈学习制作的。正是那次经历，让他
爱上了烹饪，也为他的厨师之路做了良好的铺垫。

作为西班牙最具代表性的美食，芭爱雅的意义也更加多元化，就像在这道饭
里，满满的包含着山川湖海的味道，Alejandro对这道美食充满着情感与回忆。

巴西烩饭配法罗法
（巴西）

分量：3~4人份

难度：★★★

准备时间：30分钟

烹饪时间：40分钟

巴西烩饭跟巴西人一样热情洋溢、活力四射。浓厚的汤汁浇在椰香的米饭上，仿佛一路奔流着去包裹围抱每一颗滚烫的饭粒，一支舌尖上的桑巴说来就来，瞬间就攻陷了你的味蕾。

法罗法就更为家常，这道料理源自巴西被殖民时期，以其食材廉价和易于制作而深受巴西工人阶层的喜爱。在巴西东北部，主要是巴伊亚州，人们通常用猪油来制作法罗法，一滴猪油点石成金，别有一番勾人的风味。

食材准备

主　料

比目鱼	1条
大虾	4只
泰国香米	300克

辅　料

柠檬	半个
白洋葱	1个
大蒜	2瓣
红、黄彩椒	各半个

番茄	1个
红辣椒	1个
去皮番茄	1听
椰奶	180毫升
香菜	20克
香蕉	2根
羽衣甘蓝	20克
鸡蛋	3个

葡萄干	15克
面包糠	80克

调味料

水	100毫升
海盐	6克
橄榄油	50毫升
黑胡椒	10克
姜黄粉	3克

1 将比目鱼去皮留肉，切块；大虾去壳，切段；挤入半个柠檬的汁腌制。

2 将蒜取芯切碎，红黄彩椒、半个白洋葱切丝，番茄切丁，红辣椒切段，平底锅放入橄榄油10毫升，加洋葱丝、大蒜、辣椒、彩椒、番茄丁、去皮番茄和80毫升椰奶翻炒，再加入鱼、虾、海盐 2克、黑胡椒和香菜碎。

3 小火热锅倒入橄榄油25毫升，放入蒜碎、米、海盐2克，搅拌均匀后加入椰奶100毫升、水300毫升，大火煮3分钟后小火焖煮5分钟，再开盖直至煮熟。

4 锅里放入橄榄油15毫升，大火放入半个洋葱碎，羽衣甘蓝切段，香蕉去皮切段，鸡蛋打成蛋液，放入姜黄粉、葡萄干、面包糠和海盐2克，煮熟后装盘即可。

蛋 蛋 提 示

1 许多厨师都喜欢把椰肉、椰汁或椰奶加入到料理中，为菜品带来独特的风味。

2 将彩椒的两头切掉是方便快捷的取籽方法。

3 香蕉翻炒成金黄色就可以出锅啦，这样才会有脆脆的口感。

Camila Betin 深受意大利美食文化影响，从小就对美食有着特别的情感。她的祖父将她从小带到大，每周末都会亲自下厨，她认为是这些美食将一家人联系在一起，分享美食的时间就是一种享受。

但她一开始却没能从事她热爱的美食工作，而是学习了生物学，后来她发现并不喜欢这一行业，于是果断放弃并选择了爱好的烹饪行业，接受了正规且专业的厨师培训。到现在她从事厨师职业已经有10年之久，她十分热爱现在的工作，即使是在厨房中偶尔会忘记时间，忘记吃饭，她仍感到很幸福。

烟熏鲭鱼配酸奶冻沙拉
（北欧）

分量：1~2人份

难度：★★

准备时间：40分钟

烹饪时间：20分钟

卤、腊、腌、熏，是中国常见的"重口味"烹饪法，透着古老陈年的味道，适合挂出一个"老字号"的招牌。但各种烹饪法中，"熏"格外不同，没有潮湿拖拉，谷壳木屑的一番焖点熏烤后，鲜味就会变得有点"野"。这道鲭鱼沙拉，就用到了熏制手法，虽冷熏与湘蜀的熏制方法不太相同，但同样增加了"野"味——鱼肉经过苹果木烟熏，微温熟凉，活色生香。

其他佐菜虽然食材简单却也毫不马虎，常见的水田芥和荸荠经过精心处理完美融入其中，带来不一样的惊喜。

食材准备

主料		明胶	1片	黑胡椒	6克
鲭鱼	半条	大头菜	1个	糖	3克
辅料		水田芥	30克	橄榄油	30毫升
鸡蛋	1个	荸荠	2个	酱油	1茶匙
柠檬	半个	苹果木屑	50克	橙汁	2茶匙
奶油奶酪	200克	**调味料**		法香油	5毫升
酸奶	500毫升	盐	8克	豆苗尖	5克
山葵	100克				

1　鲭鱼竖着切开两半，整理形状，在鱼皮上轻轻地开花刀，放在盘子里，加糖3克、盐2克腌制。

2　勺子烧热后，将苹果木屑放在上面，将勺子放在带盖子的托盘上，盖上盖子，放入冰箱。

3　将一片明胶片泡水待用；山葵去皮，擦成碎，放入酸奶中。把酸奶放入锅里小火加热至60℃，关火放入明胶片，融化后过滤，倒入铺有保鲜膜的盘子里，放入冰箱，确保酸奶表面平滑。

4　大头菜切丝加入水田芥；一匙酱油配2匙橙子的橙汁，做成生抽橙子汁。

5　荸荠去皮刨成薄皮，用纸吸干水分，放入油锅，中小火炸至金黄色捞出备用。

6　奶油奶酪打成泥；蛋白、蛋黄分别放在两个碗里，蛋黄里放2勺水、盐2克、黑胡椒2克、挤入柠檬汁，用打蛋器边搅打边放入橄榄油30毫升，注意不要打至黏稠状，然后将蛋黄加入到奶油奶酪里。蛋白简单打散后加入到奶油奶酪里充分搅拌均匀，最后加盐2克、黑胡椒2兑调味；灌入奶泡枪中，摇匀，放入冰箱备用。

7　摆盘，用奶泡打底，大头菜丝铺在奶泡上，加入生抽橙汁，加盐2克、黑胡椒2克，鲭鱼切薄皮，均匀摆放，用酸奶冻片盖住一半，撒入豆苗尖和荸荠片，淋入法香油，完成。

蛋 蛋 提 示

1　明胶需要低温加热，才不会失去它凝固的作用。

2　300℃的油温，会让炸制荸荠拥有最酥脆的口感。

Talib Hudda 14岁起就对烹饪料理心生向往，并且开始学习制作美食料理。拥有丰富的游学经历。法国的比赛经历，是他厨师职业中的一个重要时刻，不仅开阔了他的眼界，也使他的厨艺更加精湛，美食的大门就这样为他打开。

他不断努力进步，在传统料理的基础上，加以创新，探索更多的美食，也为自己的厨师职业提供了更多灵感来源。他将法餐的精致和丹麦烟熏粗犷的特点完美融合在一起，制作出的美味，总是带着一点调皮。

米兰之吻
（意大利）

分量：4~5人份

难度：★★★★

准备时间：30分钟

烹饪时间：40分钟

这是一道为情人节特意打造的披萨卷，焦香薄脆的黑白饼皮包裹香浓醇厚、呼之欲出的乳酪，一口下去感受到的是馅料汁水的包裹与乳酪的丝丝缠绕，也许这就是爱情的味道。

米兰之吻选用马苏里拉奶酪、意大利香肠和彩椒等食材，将它们卷入饼皮中经过烤箱烤制，再用芝麻菜、小番茄、帕玛森干酪和橄榄油装点装盘，最浪漫的情人节特餐就做好了。

食 材 准 备

主　料		鲜马苏里拉奶酪	500克	面粉	1600克
自制香肠	2根	芝麻菜	30克	酵母粉	10克
辅　料		小番茄	2克	竹炭粉	10克
彩椒	2个	帕玛森干酪	50克	黑胡椒	6克
大蒜	1瓣	**调味料**		橄榄油	100毫升
迷迭香	5克	盐	9克	黑醋	10毫升

1

1 烤箱180℃预热，放入彩椒，加盐3克、黑胡椒3克，后放入烤箱烤15分钟。另取一锅，放入橄榄油30毫升，加入大蒜、迷迭香还有香肠，加入盐3克、黑胡椒3克调味。

2

2 取一个容器，加入面粉和酵母粉、盐6克，加水和面；然后取一半面团加10克竹炭粉。

3

3 将两种面团常温醒发。

4

4 用披萨的制作手法将醒好的面团揉甩成面饼，将鲜马苏里拉奶酪、香肠、彩椒块放到面饼中卷起，披萨卷两端封住，切掉多余的部分，均分成6段。

5 烤盘表面均匀涂抹橄榄油，将披萨卷放入烤箱，烤25分钟。装盘配芝麻菜、帕玛森干酪、黑醋摆盘即可。

蛋 蛋 提 示

1 可以用温水和面，在激发酵母活性的同时，还能防止面团粘手。

2 卷完的披萨一定要封口向下，不然切披萨时可能会漏出来。

Poalo Salvo 来自那不勒斯著名的披萨世家，从他爷爷开始，已经延续了三代，米兰之吻披萨就是Poalo家族的拿手美食。

米兰之吻对Poalo来说是意义非凡的，当初为了追一个心仪的女孩，他向自己的父亲学习制作了这道披萨，这也是他第一次亲手制作披萨。后来，他正式做了厨师，才真正理解如何成为好厨师，不仅仅是要做给自己爱的人，用心去做才能成就最美味的食物。

填馅脆皮烤乳猪
（澳大利亚）

分量：4~5人份

难度：★★★★☆

准备时间：40分钟

烹饪时间：70分钟

世界上很多国家都有烤乳猪这道菜，无一不是节庆的餐桌主角。我国也早在北魏时期就有"炙豚法"的记载——"色同琥珀，又类真金，入口则消，状若凌雪，含浆膏润，特异凡常也。"可以说，这道菜源远流长，名副其实。

这道烤乳猪来自澳洲农庄，同粤菜和西班牙制法略有不同，采用填馅制法，用料也更加慷慨。出炉后咔吱切开，便可同时享受暗金的色泽、醇厚的香味，乳猪皮的脆、乳猪肉的嫩和馅料的丰富扎实。再佐以苹果、桃子做的酸甜酱和紫甘蓝熬煮的配菜，拿起刀叉，觉得自己就像个国王。

食材准备

主 料		橙子	1个	桃子	2个
乳猪 1只（3~5千克）		白兰地	200毫升	**调味料**	
辅 料		盐	21克	醋	10毫升
红洋葱	1个	黑胡椒	12克	八角	3粒
大蒜	14瓣	迷迭香	3束	紫甘蓝	1个
黄油	70克	百里香	3束	洋葱	2个
橄榄油	170毫升	法香碎	100克	肉桂	2根
小茴香籽	20克	芹菜	1根	白砂糖	100克
香叶	8片	胡萝卜	1根	肉豆蔻	3克
猪肉馅	1000克	白葡萄酒	200毫升	红酒	250毫升
面包糠	300克	苹果	2个	土豆	800克
柠檬	1个	红糖	100克		

1

2

3

4

5

1 烤箱130℃预热，乳猪去骨备用。乳猪内馅：中火热锅，放橄榄油50毫升，加黄油20克融化；红洋葱切碎，蒜切片，放入锅中；加盐4克、黑胡椒3克、香叶6片、小茴香籽翻炒均匀，倒入一个大容器与猪肉馅混合，加入面包糠；将一个柠檬和一个橙子的皮用擦碎器擦碎，挤入果汁；加入盐5克、黑胡椒3克、白兰地、百里香2束、迷迭香2束、法香碎拌匀；乳猪内壁撒上盐5克、黑胡椒3克；将馅料填满捆好。

2 将胡萝卜、芹菜切块，均匀撒在烤盘上，倒入白葡萄酒。将乳猪放在烤盘上，抹橄榄油40毫升、撒盐3克，放入烤箱烤45分钟，然后把烤箱调到230℃，继续烤5~10分钟，至表皮酥脆。

3 酸甜酱：将苹果、桃子洗净切块；洋葱切丝；中火热锅，加入橄榄油30毫升、蒜片、红糖、黄油20克、醋、洋葱丝、苹果块、桃子块、一粒八角，盖上锅盖煮10~15分钟，翻搅成酱。

4 紫甘蓝配菜：中火热锅，放入洋葱丝、蒜片、肉桂、2片香叶、2粒八角、紫甘蓝切丝放入，再放入盐2克、黑胡椒3克、白砂糖，肉豆蔻擦碎放入，加入红酒，大火炖煮。

5 土豆配菜：取煮锅加入适量水、盐2克，将土豆煮熟；另取煎锅，中火热锅，放橄榄油50毫升、黄油30克，加入剩余迷迭香、百里香蒜片，放入煮熟的土豆翻炒调味即可。

蛋 蛋 提 示

1 这里乳猪就是包裹住馅料的外皮，与香肠是同样道理。一定要绑结实才行。

2 苹果最好不去皮，可以增加酸甜酱的颗粒质感。

3 肉豆蔻辛辣芳香，是一种非常常见的调味料。气味越浓郁越说明它品质越上乘。

Rob Cunningham 来自澳大利亚，他从小就在澳洲的猪农场长大，最早接触的烹饪也是和猪有关的菜肴，和爸爸妈妈一起准备乳猪的过程，是他孩童时期最美好的回忆。

在他们家庭，每个人都会参与到烹饪过程中，他们分工合作，共同完成一道美食。即使现在在北京，他也会抽空和自己的孩子一起做饭，他认为和家人一起制作美食，能将他们的心紧紧联系在一起，这种感觉永远是最美妙的。

法式传统龙虾汤
（法国）

分量：1人份

难度：★★★

准备时间：40分钟

烹饪时间：50分钟

西餐汤品花色多样，各国都可以派出代表：意大利有蔬菜汤，俄罗斯有罗宋汤，美国有海鲜巧达汤，法国呢，就是传统菜肴法式海鲜浓汤。

传统的法式龙虾汤中以龙虾虾头为汤底，白兰地味道特别浓郁，却又不会有白兰地和龙虾壳的微涩口感。龙虾汤熬制的时间也有讲究，时间过短，龙虾味道尚未完全激发，过长又会发苦。而为了增加汤的鲜甜味道，还要加入龙虾肉和鲜虾来煮，令甜味更悠长。

食材准备

主 料		手指胡萝卜	4根	调味料	
波士顿龙虾	1只	日本白萝卜	3个	橄榄油	20毫升
辅 料		西蓝花	20克	白葡萄酒	100毫升
番茄	5个	豌豆	10克	盐	12克
香芹	1根	淡奶油	80毫升	黑胡椒	2克
百里香	1根	黄油	15克	白兰地	10毫升
香叶	1片				

1 番茄切丁，香芹切段；中火热锅，加入橄榄油20毫升，将虾头切成4块放入锅中翻炒1~2分钟，加入白兰地让锅倾斜，让白兰地沾火燃烧，待白兰地充分燃烧挥发之后，加入等量的白葡萄酒和水，放入番茄丁、香芹、百里香和香叶。

2 手指胡萝卜去皮，日本白萝卜去皮，一分为二，西蓝花摘小朵；煮汀水，加盐5克，放入虾身和虾钳煮7分钟捞出，再放盐5克，依次加入手指胡萝卜、日本白萝卜、西蓝花、豌豆煮2分钟捞出。

3 过滤出的龙虾汤放入搅拌机，打碎以后加入奶油，充分混合后过滤。

4 中火热锅，融化黄油，放入煮熟的蔬菜，把龙虾肉放入锅中，大火快速翻炒，加入盐2克和黑胡椒2克，顺着盘子的边缘倒入龙虾汤即可。

蛋 蛋 提 示

1 龙虾头做汤底会保留最鲜美的味道。

2 在西餐烹饪中，吊汤就是用青蒜叶、芹菜、百里香、月桂叶打成结，放在高汤里炖煮的过程。其作用就是将汤提鲜，这种提鲜方式不仅适用于法餐，也是西餐的通用技法。

Thoomas Ciret 祖母曾经做出的美味佳肴，让来自法国的他从小就对烹饪产生了浓厚兴趣。很早开始就在他的家乡学习烹饪，这道法式传统龙虾浓汤就是在这期间学会的。

Thoomas现在已经是一位出色的法餐大厨，多年来一直在世界各地制作各种各样的美食，英国、布鲁塞尔，又辗转去过法国巴黎，如今在中国工作的他，也将正宗的法餐料理带到了这里，做给更多喜欢法餐的朋友们。

勃艮第红酒烩牛肉
（法国）

分量：1~2人份

难度：★★★

准备时间：40分钟

烹饪时间：40分钟

勃艮第地区总体面积相当辽阔，从位于巴黎东南部180公里处的夏布利一直延伸至南部的博若莱，距离里昂北部已不远。最好的勃艮第葡萄酒所带来的细腻、芳香的品酒乐趣激发了全世界葡萄酒爱好者对于它的爱慕和痴迷。

就配餐来说，野味、家禽或小牛肉的菜肴可搭配黑比诺葡萄酒。优质勃艮第红葡萄酒则是更甜、更细致肉类搭配的首选。

食材准备

主 料

牛跟腱	500克
帕尔马火腿	20克

辅 料

洋葱	60克
胡萝卜	60克
手指胡萝卜	6根

鲜迷迭香	15克
鲜百里香	20克
大蒜	5瓣
蔓越莓干	15克
鸡尾洋葱	7颗
竭菇	6个
意大利香菜	10克

调味料

盐	10克
月桂叶	3片
橄榄油	40克
面粉	30克
勃艮第红酒	一整瓶

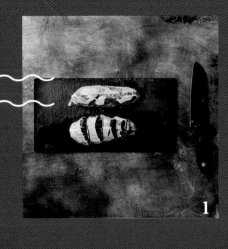

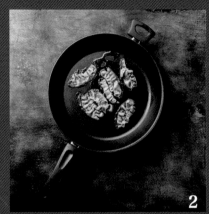

1 将牛跟腱洗净，去除表面筋膜，切成4厘米见方的肉块。

2 锅中放橄榄油10克，放入帕尔马火腿，中火煎至微焦盛出备用。

3 铁锅中放入橄榄油10克，将牛肉块倒入，煎上色，锁住牛肉本身的汁水，盛出备用。

4 将洋葱切碎，胡萝卜切片，倒入铁锅中，炒出香味。

5 将牛肉块、帕尔马火腿、手指胡萝卜放入铁锅中，加入面粉翻炒均匀；将铁锅放入230℃的烤箱中，不加盖烤制4分钟，翻动下食材再烤3分钟。取出锅，加入百里香、迷迭香、蒜瓣、月桂叶后，倒入红酒至正好没过食材即可，最后加入蔓越莓干，再次放入160℃烤箱，加盖烤制两个小时。

6 加盐调味，再开盖烤制30分钟。

7 竭菇切片；用平底锅加入橄榄油20毫升，煎至鸡尾洋葱和竭菇片表面焦黄后加入意大利香菜，最后倒入水炖软。

8 牛肉从烤箱中取出，把煎好的竭菇和鸡尾洋葱倒入铁锅，开大火收汁5分钟，最后摆盘即可。

蛋 蛋 提 示

1 牛跟腱的肉质扎实，肌理分明，炖煮后不会干硬，非常适合做这道菜的主材。

2 把牛肉块每面煎至变色，牛肉的表面煎过以后会锁住水分，不会因为炖煮而变干，当然也不能煎太熟。

3 牛肉表面裹上一层薄薄的面粉外壳，会使经过烹饪的牛肉不干硬。

Alban Guy Alain Dalou 来自法国，是一位学识渊博的博士，从事过法学、化学、心理学、历史、哲学、营养学等多领域的研究，通晓多种计算机语言，有法国中医医生联合会资格，甚至还是法国武术队成员。但是，他最喜欢的身份却是厨师。

Alban深谙美食真义，做饭信守沉默是金的原则，对美食也有着与常人不同的理解。这道勃艮第红酒烩牛肉是电影《朱莉与朱莉娅》里的经典美食，他用他多元化的知识和独特的视角，为我们展现他对美食的极致追求。

人气亚餐

海南鸡饭

分量：2人份

难度：★★★

准备时间：20分钟

制作时间：1小时

有"最会吃的才子"之称的蔡澜先生曾说过，"星洲无星洲炒米，海南也没有海南鸡饭。"
我们无从考究海南鸡饭究竟源自何处，但能将它做得肉质细嫩、滋味鲜美、皮肉之间胶脂丰满，就连一碗白饭也唇齿留香，自然就不会辜负它流传至今的美名。

海南鸡饭不在海南，就在你家的厨房里，自己动手就能吃到最美味的鸡饭哦。

▌食 材 准 备

主 料		调味料		海盐	25克
文昌鸡	1只	香茅草	1根	料酒	10毫升
泰国香米	200克	葱白	80克	鸡油	40毫升
辅 料		姜	50克	白砂糖	25克
南姜	20克	南姜	20克	苹果醋	15毫升
泰国红辣椒	50克	蒜瓣	40克	香油	10毫升
金橘	15个	细盐	30克	新加坡黑酱油	30毫升
菠萝	40克				

1

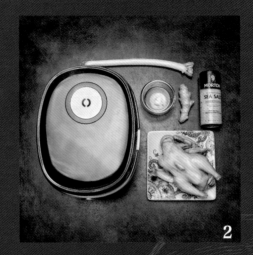

4

2

5

3

6

1　文昌鸡洗净，用细盐仔细揉搓鸡皮，用油纸包裹腌制15分钟。烧一锅开水，把腌制好的鸡放入沸水中烫30秒，然后取出浸在冰水里至鸡完全冷却，根据鸡的大小重复以上动作3～5次。

2　在电饭煲内加入可以没过鸡的水、葱白50克、姜20克、海盐10克、料酒，放入刚才烫好的鸡。盖上盖子，设定蒸煮功能10分钟，保温20分钟。

3　香茅草用刀背拍松，切段。炒锅烧热放入30毫升鸡油，加葱白30克、姜10克、蒜瓣10克、香茅草段炒出香味，倒入泰国香米翻炒，加5克海盐，炒至大米金黄。

4　取出煮好的整鸡，放入冰水浸泡30分钟。将炒好的泰国香米放入电饭锅中。加煮鸡的鸡汤，没过香米2厘米，蒸煮米饭。

5　煮饭的同时准备三种蘸料；金橘挤出汁，和30克蒜瓣、泰国红辣椒、20克姜片、菠萝、苹果醋、白砂糖和5克海盐一起放入搅拌机中打碎，盛出；取一小锅加热10毫升鸡油，浇在打好的酱汁上，作为第一种蘸料。南姜擦成蓉加香油和5克海盐搅拌均匀，作为第二种蘸料。用新加坡黑酱油作为第三种蘸料。把这三种酱料分别装在小碟中，备用。

6　米饭出锅扣在盘中，浸过冰水的鸡斩成块，码放在米饭旁，点缀一些蔬菜，完成。

蛋 蛋 提 示

1　把鸡肉包裹在油纸中，能够让腌制更入味。

2　香茅草非常适合制作白肉类型的料理，比如鸡肉、鱼肉以及虾肉，会让食材拥有与众不同的香气。

3　当你看到米粒变得金灿灿的时候，就可以放在电饭锅中继续蒸煮啦。

李光洁 摘去舞台上的光环，一身简单的日常装扮，站在厨房里的李光洁很难让你联想到那个单纯略带傻气的"老三"，严肃霸气的精英男"王伟"，也不是那个让人毛骨悚然的反派大Boss"董先生"，这一刻他就是他自己。20多岁入行，一路走来，李光洁坚持自己，认真演戏，看淡所谓的"红"与"不红"，顺应现状发展，又于深处坚持初心。心境的恬淡让这个男人站在厨房里时也带着一丝自在与舒适，"文火慢熬"是他做菜的诀窍，更是他做人的准则。

黄金富贵虾

分量：1人份

难度：★★★

准备时间：20分钟

烹饪时间：30分钟

皮 皮虾常有而超级皮皮虾不常有，面对一只巨型皮皮虾，你还是只想白水煮来吃？那就有点暴殄天物了！
将虾肉取出，裹上粤菜中独特的脆浆，小火煎制，再佐以淡奶油和白兰地，最后撒上一点口感香甜的红胡椒粉，一道
中西合璧的富贵虾创意新吃法就诞生了。快来一起试试这道风情万种、鲜味冲破味蕾的海鲜料理吧！

食材准备

主 料

富贵虾	1只	淀粉	10克	小洋葱	1颗
		食用油	100毫升	白兰地	5毫升
辅 料		盐	3克	蛋清	3个
芦笋	3根	鸡粉	2克	三色堇	少许
淡奶油	60毫升	红胡椒碎	5克	松柳苗	少许
调味料		大蒜	1瓣		
脆浆粉	20克				

1　把脆浆粉、淀粉、蛋清、25毫升食用油和等量水调和成脆浆糊。

2　富贵虾焯水，煮5分钟，完整地剥下虾壳留作装饰。虾肉裹上脆浆糊入油锅煎至金黄。芦笋切成寸段，焯水备用。

3　热锅，倒入食用油75毫升，小洋葱和蒜切片倒入，煸炒出香味，加入淡奶油、盐和鸡粉，煮开。煮好后过筛，加入白兰地搅拌均均，调成浇汁。加工富贵虾：用剪刀把虾腿都剪掉，把小脚连根剪掉，沿着边缘从头剪到尾。

4　虾壳摆盘，用三色堇、松柳苗做装饰，焯好的芦笋平铺。把处理好的富贵虾摆放在芦笋上，浇上浇汁，撒红胡椒碎，完成。

蛋 蛋 提 示

1　脆浆粉是粤菜中的一个特殊的糊种，可以把虾炸得更好看。

2　每年的4～6月间是食用富贵虾的最佳时间。挑选虾时要注意，爪子发青的才是好虾。

3　焯芦笋的时候放点盐和食用油，不仅能让芦笋保持鲜艳颜色，还可以减少营养物质的流失。

李强 来自天津，从20岁起就跟随香港师傅学习潮州菜，从水台到砧板到炒锅，工作20多年，如今带领自己的团队，不断研发新的菜品。

李大厨说："厨师是很漫长、很磨炼人性格的一种职业。"他认为，只有在保留传统风味精粹的基础上进行创新，才能做出更好的美味佳肴。而这道白兰地红胡椒煎富贵虾，就是根据粤菜中的生煎鸡演变而来的，用新鲜的食材，做出了令人满意的味道。

辣白菜猪肋排锅
（韩国）

分量：3人份

难度：★★★

准备时间：1天

烹饪时间：1小时

韩国料理好像都是通红的，因为调料就是这么几种，但却常吃不腻，并且每家都有自己的独特秘方。泡菜的神秘魅力，也就在于此吧。爽辣甘甜，鲜脆辛香，经典到成为一种"味道"共识，泡菜味儿的方便面、薯片、饼干——当然还有排骨锅！

食材准备

主　料

猪肋排	800克	豆腐	100克	辣椒粉	105克

辅　料

		鲜虾	5只	蒜泥	25克
大米	300克	**调味料**		白砂糖	5克
五谷	150克	香葱	4根	姜	5克
白菜	半颗	海盐	30克	大葱	1根
白萝卜	400克	洋葱	1个	黄豆粉	5克
番茄丁	80克	苹果	半个	韩国辣酱	15克
甜南瓜	80克	糯米粥	130克	酱油	10毫升
粉条	120克	虾酱	20克	味淋	10毫升
年糕	150克	鱼露	50毫升	辣白菜汁	300毫升

1

2

3

4

5

1　制作辣白菜：大白菜切成两半，在白菜的根部切口。用25克海盐均匀地涂抹在每片叶子上，根部需要多涂一些，然后放入盐水中腌制。虾去壳去虾线，半个洋葱和苹果擦成泥，甜南瓜烤熟去皮。

2　料理机中倒入糯米粥、虾酱、鱼露、番茄丁、20克蒜泥、100克辣椒粉、剩余的海盐、姜和白砂糖，再加入虾、擦好的洋葱泥和果泥、烤熟的甜南瓜，一起搅打成蓉。200克白萝卜切丝，香葱切段，放入打好的酱料中搅拌均匀。

3　将制作好的腌料均匀涂抹在每一片白菜上，把白菜放入泡菜坛中密封，在室温（20～25℃）中放置1天。辣白菜制作完成。

4　大米淘洗几次，浸泡一会儿，留下淘米水。淘洗好的大米中加入五谷，煮五谷饭。剩下的半个洋葱切片、200克白萝卜切片、大葱切段，铺在锅底，放入腌好的辣白菜、猪肋排、韩国辣酱、黄豆粉、5克蒜泥。再加入辣白菜汁和刚才的淘米水至没过食材，大火煮开后，中小火慢炖40分钟。

5　肋排基本煮熟时，把豆腐切块，和粉条、年糕一起下锅，然后加入酱油、味淋、5克辣椒粉和两三勺辣白菜汤调味。继续炖煮至肋排和辅料煮熟。煮熟后盛盘，撒一些香葱段，配上事先煮好的五谷饭，完成。

墨鱼汁炒乌冬面
（日本）

分量：1人份

难度：★★

准备时间：20分钟

烹饪时间：20分钟

うどん，英文把它叫作"Udo"，我们翻译为"乌冬"，就像我们把Cheese叫作"芝士"、美国人把豆腐叫作"Toufu"一样，都是"吃"的兼容并蓄。美味不仅没有国界，有时甚至不循章法。懂得吃的人常会强调食物间的配搭，但偶尔打破学院派的理论，或许会有意外之喜。爽滑弹牙的乌冬配上来自地中海的海风，包你吃一口就爱上。

特别要提的是，黑色的墨鱼汁会吃得满嘴都是，牙齿舌头都会被染黑，这道菜十分简单，很适合在有趣的聚会上做给大家吃，做给另一半和小朋友也特别有意思，等着看你们吃完墨鱼乌冬后的好笑样子啦。

食材准备

主 料

		帕玛森干酪	20克	清酒	15毫升
乌冬面	1包	黄油	30克	味淋	10毫升

辅 料 / **调味料**

				炒面酱	20克
培根	3片	洋葱	1个	橄榄油	60毫升
墨鱼	1只	墨鱼汁	10克	盐	6克
卷心菜	半颗	柠檬	1个	黑胡椒	6克
胡萝卜	1根				

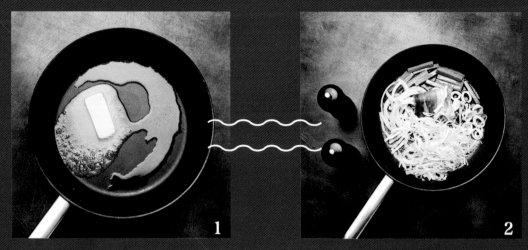

1   中火把锅烧热后倒入橄榄油30毫升，融化
      黄油15克。

2   墨鱼切段，培根片、胡萝卜切成条，洋葱、
      卷心菜切丝，入油锅炒熟，放入3克盐调
      味，装盘备用。

3   开水中放入乌冬面煮10分钟，捞出后放入冰
      水中搓洗，避免粘连。

4   中火把锅烧热倒入橄榄油30毫升，融化黄
      油15克。再放入煮好的乌冬面和墨鱼汁翻炒
      均匀。

5

6

5 炒制过程中加3克盐、黑胡椒、清酒、味
淋、炒面酱调味。

6 将帕玛森干酪切成碎状，柠檬取皮擦成碎；
把炒好的面码放在步骤2中炒好的配菜上，
再撒一些帕玛森干酪碎和柠檬皮屑，完成。

蛋 蛋 提 示

1 乌冬面煮10分钟，然后捞出放入冰水中搅动一下使之冷却。在冰水里多浸泡一会，炒制时不会粘锅。

2 炒乌冬可根据个人喜好改变配菜，只要注意荤素搭配就好。

今井潮 是日本料理大师，拥有30余年的日式料理烹制经验，曾在日本京都的多家
知名餐馆工作，为人们带来各种各样的精致美味。他以专业的烹饪技术，俘获了广大
吃货的心。

今井潮不仅秉承传统技艺，新派创意更是他的强项。美味不分国界，他将常见的食材
重新组合，搭配出不一样的美味，中西结合的意外惊喜，就这样悄然而至。能够得到
大家的认可，是他认为最开心的事，也是督促他不断努力的动力之源。

沙丁鱼咸饭

分量：2人份
难度：★★
准备时间：20分钟
烹饪时间：40分钟

咸饭，听起来不算诱人。但正因为这样，才给人意外之喜。就像其貌不扬的小镇姑娘，站上舞台一嗓子就震住选秀评委——一个没有噱头的朴实名字，为咸饭赢得了人们郑重其事的琢磨品尝，然后由衷地点一个赞。

沙丁鱼咸饭，风味十足：小葱、海米、香米、香油，都是"足味"的料，米炖软后铺上最新鲜沙丁鱼，鱼的鲜香一丝不苟地渗透进每一粒米中，让这道咸饭充满了浓郁的南洋风情。砂锅慢慢煨出来的美味，又饱含着"时间"这一味料，只一口，便能带来引爆味蕾的幸福感。

食材准备

主　料		调味料		海米	30克
沙丁鱼	4条	海盐	5克	葱丝	10克
泰国香米	150克	香油	10毫升	香菜	5克
辅　料		姜	20克	植物油	30毫升
卷心菜	100克	大蒜	20克		

1

2

3

4

1　砂锅小火加热，倒入植物油，姜、蒜切片，入锅炒香，加入海米。

2　卷心菜切丝入锅，再加入泰国香米，炒至米粒变透明，再加入适量水。

3　煮沸后加入海盐调味，关小火继续煮30分钟。

4　米饭蒸熟后，在米饭上整齐地码放开边的沙丁鱼，再煮7~8分钟。鱼煮熟后关火，点缀香菜和葱丝，冉淋上香油，完成。

蛋 蛋 提 示

除了沙丁鱼，还可配其他自己喜欢的海鲜。

宋庆辉 带来这道沙丁鱼咸饭的新加坡厨师，从小就生活在海边的他，对海鲜料理十分拿手，16岁就进入厨师行业，20多年来，他对自己进行各种雕琢打磨，始终坚持最初的想法，一直在世界各地制作美味佳肴，让全世界的人都能够尝到他的作品。

宋庆辉从小就开始给自己的家人做饭，到现在，他一直坚持的一件事就是，在每个周末都要和孩子一起制作料理。他认为，在海边故乡学会的这第一道菜，够传承幸福的味道。

什锦海鲜大拼

分量：4人份

难度：★★★★★

准备时间：1小时

烹饪时间：1小时

海鲜是吃货们不可抗拒的一个美食种类，富含丰富的蛋白质和矿物质，相对于其他肉类而言，其脂肪含量较少。如果你觉得吃肉、甜点会胖，那么这道什锦海鲜大拼绝对能让你不再担心体重增长。

多种海鲜汇聚在一起，如鲛鳒鱼、蓝龙虾，每一种都拥有独特的做法与味道，搭配不同酱汁带来的丰富口感，给你浓浓的海边风情。精致、美味、分量充足，什锦海鲜大拼，简直就是幸福的味道。

食 材 准 备

主 料

鮟鱇鱼	1条	鸡蛋	2个	菠菜	15克
波士顿蓝龙虾	1只	淡奶油	200毫升	橄榄油	55毫升
虎虾	5只	黄油	145克	柠檬	2个
小鱿鱼	5只	**调味料**		百里香	12克
黄金贝	4个	海盐	29克	桂皮	3根
扇贝	4个	白胡椒	24克	莳萝	5克
生蚝	3个	洋葱	15克	意大利香菜	6克
辅 料		塔里根（龙蒿）	7克	迷迭香	4克
固体酸奶（无糖）	100克	白葡萄酒	80毫升	威士忌	70毫升
		薄荷叶	5克		

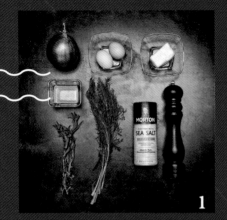

1 荷兰汁：

　　a.将5克洋葱、6克塔里根放入锅中，加入白葡萄酒和3克海盐、2克白胡椒煮成香草水，晾凉备用。

　　b.取120克黄油，在锅中融化制成清黄油（黄油融化后静置一段时间，浮在上层的半透明液体油脂），备用。

　　c.取2个蛋黄，倒入煮好的香草水，隔水加热并搅拌半分钟后取出。取出后继续搅拌，一边搅拌一边倒入清黄油，莳萝切碎加入，搅打至浓稠顺滑，做成荷兰汁（成品中的黄色酱汁）备用。

2 酸奶汁：料理机中加入固体酸奶、5克洋葱、薄荷叶、菠菜、3克白胡椒粉、3克海盐。搅打均匀，制成酸奶薄荷汁（成品中的绿色酱汁），倒出备用。

3 奶油柠檬汁：

　　a.波士顿蓝龙虾对切成两半，取出龙虾头中的虾膏，虾尾备用。把虾膏入锅翻炒，颜色变红后加入1克白胡椒粉、1克海盐，挤入半个柠檬汁，搅拌均匀后备用。

　　b.另取一锅加热，倒入10毫升橄榄油、1个柠檬的皮（不要白色部分）、3克百里香、2克海盐，油热后挤入半个柠檬汁，待柠檬皮变色前捞出备用。

　　c.煮锅中倒入淡奶油、2根桂皮、2克海盐加热，煮开后备用。把虾膏、柠檬皮和煮好的淡奶油倒入料理机中，搅打均匀，制成奶油柠檬汁（成品中的红色酱汁）备用。

4 海鲜烹制：

　　a.烤箱预热180℃。龙虾尾撒2克白胡椒粉、2克海盐、10毫升橄榄油，腌制5分钟后，放在炭火上烤至半熟，移入烤盘中；再放10克黄油、5克百里香入烤箱继续烤制5分钟。

　　b.取一锅清水，放入洋葱丝5克、意大利香菜3克、白胡椒粉3克、海盐3克，再放入黄金贝煮熟。

　　c.生蚝放在炭火上，加入酸奶薄荷汁；用小刀把扇贝壳肉分离，放在炭火上；加入奶油柠檬汁。在生蚝和扇贝上撒3克白胡椒粉、3克海盐烤熟。

5 a.剔下鮟鱇鱼尾部的鱼肉切段，用2克白胡椒粉、2克海盐和10毫升橄榄油腌制备用；

　　b.虎虾开背，去虾线，用3克海盐、3克白胡椒、10毫升橄榄油腌制备用；

　　c.鱿鱼去骨，切去眼睛的部分，挤入半个柠檬汁，加2克白胡椒粉、2克海盐、1克塔里根、1克迷迭香、1克百里香腌制备用；

　　d.锅中放入15毫升橄榄油，把腌好的鮟鱇鱼入锅中煎制，并加入3克百里香、3克迷迭香和5克黄油，煎至鱼肉变色、肉质变紧实，盛出备用。

　　e.腌制好的鱿鱼放入锅中煎制，倒入40毫升威士忌酒去腥，煎至七成熟时放在炭火上烤；

　　f.腌好的虎虾放在炭火上烤至半熟；锅中放入10克黄油，烧热后放烤至半熟的虎虾，撒入3克海盐、3克白胡椒粉和3克意大利香菜碎，煎熟。

6 把所有做好的海鲜摆好盘，插上用喷枪烤过的桂皮1根，再淋入30毫升燃烧的威士忌酒，完成。

蛋 蛋 提 示

1 鮟鱇鱼常年栖息海底，肉质弹口，适合各种烹饪方式。

2 烹饪海鲜时可以用胡椒粉去腥。

- -

吴英楠 儿时经常随家人四处旅行，于是便有机会尝试很多不同地域的特色美食。那些新鲜又特别的味道激发了他对烹饪的热情，并使他义无反顾地选择厨师这个职业。

两年的德国交流经验，让吴英楠总厨对食物产生了新的看法，他说："不同食材的结合其实体现不同文化的融合。"而他对待事物的进取精神更是带给他更广阔的发展空间，曾任职于德国魏布林根的Remsstuben餐厅，后又到众多世界顶级连锁酒店如莱佛士、文华东方等，与多名经验丰富的主厨共事。

印度咖喱鸡配飞饼
（印度）

分量：3人份

难度：★★★

准备时间：20分钟

制作时间：40分钟

印度，咖喱的起源地。但事实上，印度并没有特定的称为"咖喱"的食物。"咖喱"一词是从印度南部的泰米尔语中的"Kari"演变而来。传统的印度咖喱以姜黄为主，混合洋葱、大蒜、辣椒等主料，再配以肉豆蔻、小豆蔻、茴香等多种香料调制而成。所以印度咖喱较其他地区的咖喱辣度更强，味道也极富侵略性。

┃食材准备

主 料

去骨鸡腿肉	300克	淡奶油	80毫升	盐	8克
低筋面粉	300克	鸡蛋	2个	白砂糖	11克
辅 料		**调味料**		干香菜碎	3克
番茄	1个	番茄酱	60克	孜然	5克
洋葱	1个	去皮番茄	60克	咖喱鸡粉	5克
牛奶	200毫升	橄榄油	100毫升	小豆蔻粉	2克

1

2

3

1 鸡腿肉切成3厘米大小的块，水烧开，将鸡肉放入锅中，大火煮熟，捞出备用。

2 洋葱和番茄切碎；中火热锅，倒入50毫升橄榄油，加洋葱碎炒约5分钟，加入番茄碎和番茄酱，翻炒5分钟，放入去皮番茄、咖喱鸡粉、干香菜碎、孜然、小豆蔻粉和3克白砂糖，继续翻炒1~2分钟。然后加入适量水搅拌均匀，再加3克盐和淡奶油，倒入约60毫升煮鸡腿的汤，最后放入煮好的鸡腿肉，继续翻炒至汤汁浓稠，出锅装盘。

3 印度飞饼：取一只碗，打入2个鸡蛋，加5克盐、8克白砂糖、适量水、牛奶和50毫升橄榄油，搅拌均匀后倒入低筋面粉中，和成均匀有韧劲的面团。在案板上撒一些面粉，将面团擀成圆形薄饼，将饼抛起；平底锅中倒少许橄榄油，放入擀好的薄饼煎3分钟，然后在面饼表面再刷一层橄榄油，翻面，再煎3分钟即可出锅。把薄饼切块装盘，完成。

蛋 蛋 提 示

1 咖喱没有固定的配方，在本道咖喱鸡中大厨就特意添加了番茄，以增加咖喱的酸甜回味。经过大厨精心调配的咖喱酱汁的亲吻，鸡肉就有了独特的风味。撕一块外酥里嫩的印度飞饼，再蘸一点酱汁，灵魂好像已飘去印度旅行。

2 面粉筋度越强，制作出的食物越具有弹性和嚼劲。

3 面团要揉得均匀而有韧劲，做出的饼才不容易破裂。

Derails Prasad 在王冠假日酒店工作已达5年之久，不仅拥有丰富的烹饪经验，对食物也有独特的味觉感受。他十分擅长烹饪南亚美食，尤其是做印度咖喱，掌握着最正宗的印度口味，因此受到众多食客的喜爱。
飞饼作为印度特色美食，难度是一般厨师无法驾驭的，而Derails却将飞饼做得无懈可击，足以见得他工艺娴熟，可谓是大家风范。

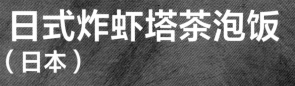

日式炸虾塔茶泡饭
（日本）

分量：1人份

难度：★★★★

准备时间：30分钟

烹饪时间：40分钟

日式的料理都很有镜头感，日式炸虾就是代表之一，仅从视觉上仿佛就可以体验到它的松脆可口。精心烹制的炸虾散发柔和的香味，外皮酥脆，里面鲜香软嫩，讲起来都会流口水！它是日本家庭的常见料理，更是各种爱心便当的萌感担当，几乎集齐了家庭料理的所有优点：简单、美味、颜值高。

茶泡饭是日本人在居酒屋吃到最后必点的零食。收敛了煎炸烧烤的放纵，但仍不减趣味，清爽又诱人，让人舒畅满足。茶泡饭出汁有各种风味，茶和米也是精益求精，学过炸虾，就让一碗地道的茶泡饭来抚慰人心吧。

| 食材准备

主 料

| 大虾 | 10只 |
| 越光米 | 100克 |

辅 料

| 卷心菜 | 300克 |

调味料

| 食用油 | 500克 |

昆布丝	15克
木鱼花	15克
绿茶茶包	1个
盐	2克
面粉	105克
鸡蛋	2个

面包糠	100克
天妇罗粉	10克
小番茄	4个
海苔丝	1克
三叶芹	1克
山葵酱	2克

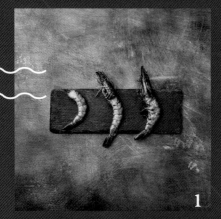

1

2

3

4

5

6

7

1　将8只大虾去头去皮，留下虾尾处最后一节虾皮。

2　切掉大虾尾部的虾刺，令炸虾尾部舒展美观，方便食用。

3　在大虾腹部切3~5刀，深度约为虾身的1/3，用手沿着刀口把大虾的筋络掰断，这样炸虾才能直挺。

4　将处理好的大虾提着尾部依次均匀地裹上100克面粉、1个打散的蛋液、面包糠备用。

5　锅中倒入食用油，加热到170~180℃，先放入4只虾，炸制2~3分钟至炸虾颜色金黄，捞出沥油备用。按照此方法再炸制另外4只虾。

6　卷心菜切成细丝码入盘中，把炸虾码放在卷心菜上，用小番茄作装饰，炸虾塔就完成了。

7　将剩余2只大虾去皮去头，切成2厘米左右的虾段，放入碗中；将1个鸡蛋打散，加适量水，加入5克面粉和天妇罗粉调和成面糊。把面糊浇在虾段上，用勺子搅拌均匀，压成饼状。

8　油锅加热到170～180℃，将虾饼沿锅边放入油锅，炸制2～3分钟至虾饼颜色金黄后捞出沥油备用。

9　锅中放水，先放入昆布，略煮一会儿加入木鱼花，在水开之前把木鱼花和昆布捞出，制成"一番出汁"。加热"一番出汁"，放入绿茶
　　茶包煮大概30秒，以免茶味太重，然后加入2克盐调味。

10　用越光米煮饭；将煮好的越光米盛入碗中压实，将昆布丝放在米饭顶端，放入炸虾饼、海苔丝、三叶芹和山葵酱。沿碗边倒入煮好
　　的茶汁。完成。

蛋　蛋　提　示

把虾的筋络拉断能使炸虾的口感更好。

浅野基一郎 是米其林三星天妇罗店"稻菊"的第三代传人，也是日本国宝级的炸物大师，他希
望通过食材的时令变换，带来一丝不同的喜悦和惊喜，让人们在四季交替中感受大自然带来的丰硕食物。
浅野基一郎对美食有着一份执着的追求，他对食物的色、味、形、器都很挑剔，因此做出的美食外表虽
简单，颜值却很高，至于味道，大量的赞誉就是最好的证明。

浪漫甜点

海洋蛋糕

大小：8寸

难度：★★

准备时间：30分钟

制作时间：1小时

冷藏时间：5小时

蛋糕的种类琳琅满目，却总是逃不出几个"基本款"，当芝士蛋糕和奶油蛋糕已经不能勾起你对于甜蜜的渴望的时候，来一点慕斯吧。蓬松松轻飘飘颤悠悠的慕斯蛋糕，只用冰箱就能简单完成，甜得没有压力，可谓无人不爱，适合每个无所事事的轻松午后。

这款夏天的蛋糕，混合着深蓝色的雪碧海、浅蓝色鸡尾酒浪花、拇指饼干沙滩，以及白巧克力贝壳。凉凉的蛋糕香醇又不失清爽，诚意满满又创意十足，先惊艳你的眼睛，再俘获你的味蕾。

食材准备

干 料			湿 料			雪碧	160毫升
拇指饼干	160克		椰浆	400毫升		深蓝色预调	
白砂糖	150克		牛奶	300毫升		鸡尾酒	160毫升
吉利丁片	35克		淡奶油	350克		浅蓝色预调	
白巧克力	100克		黄油	80克		鸡尾酒	160毫升

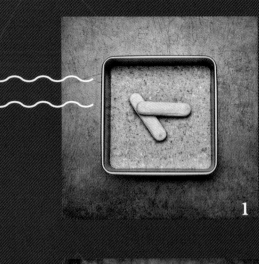

1

2

3

4

5

6

7

1　将拇指饼干放入食品袋中用擀面杖擀碎；黄油隔水融化，与饼干碎搅拌均匀，倒入模具中压平作为蛋糕底（预留一部分作为沙滩），放入冰箱中冷藏备用。

2　淡奶油加50克白砂糖打发，放入冰箱中冷藏。

3　牛奶中加入100克白砂糖直接加热，加入冷水泡软的20克吉利丁片搅拌至完全融化，倒入椰浆充分搅拌均匀，晾凉后分次加入到打发好的淡奶油中，充分搅拌。

4　将混合好的蛋糕糊倒入模具中，轻震排出气泡后，放入冰箱中冷藏4小时以上，取出脱模。

5　将雪碧倒入锅中，放入冷水泡软的15克吉利丁片，加热至完全融化，分成两份，分别倒入两种预调鸡尾酒中搅拌均匀，放入冰箱冷藏至凝固成酒冻。

6　白巧克力隔水融化，倒入贝壳模具中，放入冰箱冷藏至凝固，取出待用。

7　把酒冻搅成碎块，分别铺在蛋糕上，撒拇指饼干碎，再用白巧克力贝壳作装饰，完成。

蛋 蛋 提 示

1　拇指饼干是来自意大利的传统饼干，算是饼干中的一种"硬质蛋糕"。因为它的质地和海绵蛋糕非常相似，只不过干燥程度更高，口感也更加香甜，所以它的吸水性很强，非常适合用来制作蛋糕的基底和夹层。

2　如果不喜欢酒的味道，也可以用食用色素来替代海洋的颜色，但制作贝壳还是用白巧克力才最甜美。

薛佳凝 2001年，一部《粉红女郎》让"哈妹"红透荧屏，也让大家记住了这个古灵精怪的姑娘；2007年，她在《你一定要幸福》中颠覆以往清纯可爱的形象，变身心机女，但依然率真动人；2009年，《租个女友带回家》里，她扮演土生土长的北京妞儿惹人喜爱；2013年，《恋爱的那点事儿》她所扮演的兔妈，毒舌成章，馊主意不断。

薛佳凝，一个长相甜美的冻龄美女，岁月好像并没有在她那里留下什么痕迹，反而越来越美。近些年，她默默涉足话剧、音乐、小品等领域，不仅磨砺了精湛的演技，也更丰富了她的视界。现在，不断追求新高度的她，进军美食界，和厨师抢起了饭碗！

橙香米蛋糕

大小：8寸

难度：★★★

准备时间：20分钟

制作时间：2小时

冷藏时间：3小时

此款橙香米蛋糕选用意大利米为主要材料，相较于普通大米它颗粒更大，一般用于意大利烩饭，用它煮出的米饭质感顺滑如奶油，所以才能做成蛋糕。

意大利米和香草豆荚在沸腾冒泡的牛奶里反复熬煮，最后化为一体，香味四溢，柠檬与香橙的加入中和了蛋糕过于甜腻的口感，橙香怡人，带来生活的小确幸。

食 材 准 备

干 料			黑巧克力	70克	橙子	1个
拇指饼干	160克		香草荚	1个	蛋黄	1个
意大利米	180克		**湿 料**		黄油	100克
白砂糖	80克		牛奶	600毫升	淡奶油	70毫升
吉利丁片	30克		橙味力娇酒	25毫升		
蔓越莓干	30克		柠檬	1个		

1 将拇指饼干放入食品袋中，用擀面杖擀碎；取80克黄油小火融化，与饼干碎搅拌均匀。

2 将搅拌后的饼干碎倒入模具中，用勺子压实，作为蛋糕的饼干底放入冰箱中冷藏备用。

3 柠檬、橙子取皮备用；将100毫升牛奶倒入锅中，依次加入意大利米、白砂糖、柠檬皮4块、香草荚熬煮，开锅后转小火继续炖煮30分钟，至煮大利米黏稠，再加入350毫升牛奶，继续中火炖煮20分钟至完全黏稠，炖煮时用勺子不时搅拌避免煳锅，煮好后捞出柠檬皮和香草荚，倒出晾凉备用。

4 一整个橙皮擦碎，与蔓越莓干、蛋黄、橙味力娇酒一起加入到煮好晾凉的意大利米中，搅拌均匀。

5 吉利丁片在冷水中泡软，将150毫升牛奶加热至70℃，加入吉利丁片融化。

6 将吉利丁牛奶液倒入意大利米糊中，搅拌均匀，倒入准备好的蛋糕模具中，放入冰箱冷藏3小时定型。

7 取出定型好的蛋糕，脱模。再隔水加热黑巧克力；另取一小锅加热淡奶油，把加热好的淡奶油分两次倒入融化的黑巧克力中，慢慢搅拌均匀，再向其中加入20克黄油搅拌均匀，制作巧克力甘纳许。

8 将制作好的巧克力甘纳许倒在蛋糕的顶部，用刮刀涂抹至蛋糕边缘，使多余的巧克力甘纳许自然从蛋糕周围流下。

9 最后再撒一些橙皮碎作装饰，完成。

蛋 蛋 提 示

甘纳许就是把巧克力与鲜奶油混合在一起，以小火慢煮至巧克力完全融化的状态。甘纳许的温度要降到45℃，流动效果才是最好的；而且甘纳许也会更稳定，淋下来成功率会更高哦。

- -

熊晓思，这款创意无限的橙香米蛋糕的制作者，曾在法国蓝带学院学习甜品制作，也曾在巴黎有过实习及工作经历。这不仅增长了他的见闻见识，也令他在蛋糕的创作上获得了丰富灵感。

熊晓思在西点制作方面有着尊重传统的严谨态度和独出心裁的创意。他说，"最为享受的就是制作蛋糕的过程"，不仅如此，作为热情好客的北京人，他更喜欢与家人朋友分享自己的作品，看着他们脸上洋溢出的幸福神情，他觉得很满足，认为分享才是蛋糕最甜的味道。

胡萝卜蛋糕

大小：23厘米×13厘米

难度：★★★

准备时间：30分钟

制作时间：3小时

胡萝卜蛋糕是一道传统的英式甜品，在中世纪时白砂糖很贵也很难购买，人们想要吃到甜食就需要从植物中提取糖分，于是胡萝卜成了大家的首选。就如灰姑娘一直是最受欢迎的迪士尼公主一样，胡萝卜蛋糕没有高贵的身世、耀眼的头衔，却凭借独特美好的内在，赢得了世人的欣赏。

胡萝卜本身的清甜，加上烘焙果仁的焦香，最后覆盖一层奶油奶酪霜的浓滑，一种从未体验过的新奇美味由舌尖滑入，每一口都值得认真感受与回味。

食 材 准 备

干 料

低筋面粉	130克	泡打粉	5克	奶油奶酪	200克
全麦粉	50克	肉桂粉	3克	黄油	115克
白砂糖	150克	海盐	4克	橙子	1个
糖霜	110克	姜粉	3克	鸡蛋	4个
金色葡萄干	70克	**湿 料**		香草精	3克
核桃仁	60克	胡萝卜	200克	手指胡萝卜	1根
		植物油	200克		

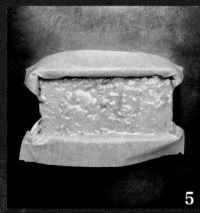

1 胡萝卜去皮，用擦丝器擦成细丝备用。

2 低筋面粉中分别加入全麦粉、肉桂粉、姜粉、泡打粉和海盐3克。

3 烤箱预热170℃，烤制核桃仁5分钟，将烤好的核桃仁切碎，加葡萄干和1勺面粉搅拌均匀备用。

4 在盆中打入4个鸡蛋，加入白砂糖搅打4分钟，然后加入2克香草精和1个橙子的橙皮碎，一边倒入植物油一边搅拌。

5 烤箱预热180℃。在打好的蛋液中分次加入步骤2的面粉，然后加入胡萝卜丝、核桃仁碎和葡萄干一起搅拌均匀。把蛋糕糊倒入铺好烘焙纸的模具中，入烤箱上下火烤制1小时。蛋糕烤好后，常温放置20分钟，再放入冰箱冷藏1小时取出备用。

6 将奶油奶酪和黄油室温软化；然后把奶油奶酪加入搅拌机中打软，慢慢加入黄油，再加入1克香草精、1克海盐和糖霜，搅打至顺滑。

7 把步骤6的奶油奶酪涂抹在蛋糕坯上，用烤好的核桃仁碎和修整好的手指胡萝卜作装饰，完成。

蛋 蛋 提 示

1 在西餐烹饪中经常会以茶匙作为计量单位，一茶匙一般相当于5毫升。

2 核桃仁不要切得太碎，加入些橙皮会在不知不觉中让蛋糕带有果味的清香。

- -

蔡佳颖 在美国长大，成年后去往了英国留学和工作，曾在米其林星级餐厅BoLondon负责甜品的制作和研发。给人们带去温暖和幸福感的味道，是她作为厨师最大的愿望。

这款胡萝卜蛋糕还得从蔡佳颖在实习期间的一段难忘经历说起，两年的时间，不管是客观原因还是主观原因，每到周六，她都风雨无阻地出现在当地的一个露天市场，为那里的人们带来这道人间美味，这是她成长的一部分，令她记忆深刻。

马卡龙

分量：50个

难度：★★★★

准备时间：20分钟

制作时间：2小时

马卡龙起源于意大利，成名于法国，有着颜色可人的杏仁蛋白、口感丰富的馅料以及漂亮的小裙边儿，被称为"少女的酥胸"。它对制作的温度、蛋白的打发程度都有着极高的要求，且不拘泥于单一的口感，不同的内馅不同的外壳，经过巧妙的搭配，每一种组合都能达到无与伦比的平衡。

对于马卡龙爱好者来说，吃的不是甜品，是情调。轻轻咬下一口，酥脆的外壳，细腻的馅料，杏仁饼的韧劲将内馅撑起，层次分明。再配上一份上好的红茶或者咖啡，再惬意不过了。

食材准备

干 料		水	60毫升	柠檬汁	30克
杏仁粉	250克	香草荚	1根	蛋清	180克
糖粉	250克	湿 料		食用色素	适量
白砂糖	225克	淡奶油	150毫升		
白巧克力	400克	橄榄油	120毫升		

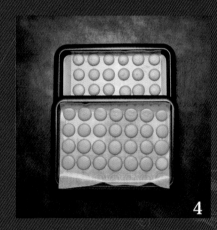

1 将杏仁粉和糖粉混合过筛，与40克蛋清混合。

2 水和白砂糖混合加热至118℃（糖水118℃是最适合制作马卡龙的温度）。然后一边用料理机高速搅打140克蛋清，一边加入118℃的糖水，打发至呈尖峰状态，冷却至40℃。

3 将蛋白霜分3次加入杏仁糊中，搅拌至光滑可流动的状态。制作不同颜色的马卡龙时，需取所需分量的混合物，加入食用色素搅拌均匀。

4 烤箱预热150℃。将制作好的杏仁蛋清糊放入裱花袋，用圆形裱花嘴挤在烤盘上，用手轻拍烤盘底部震出气泡，然后静置20分钟至杏仁蛋清糊表面不粘手，送入烤箱烤12～14分钟，取出模具冷却至室温。

5 隔水融化白巧克力。淡奶油加香草荚煮热，加入冷水泡软的吉利丁片，搅拌至吉利丁片完全融化，随后分3次加入融化的白巧克力，搅拌均匀。

6 在步骤5中的液体中加入橄榄油和柠檬汁搅拌均匀，放入冰箱冷却，冷却至可以填入马卡龙的浓稠程度，制成马卡龙内馅。

7 把马卡龙内馅填入杏仁蛋清中，与另一个杏仁蛋清组装，完成。

蛋 蛋 提 示

1 这里加入的是油性色素，能够避免马卡龙表面产生颗粒。

2 杏仁粉可是马卡龙中最重要的原料，品质越高，马卡龙的口感越好。

- -

弗朗西斯科 虽不是出自餐饮世家，但他对甜品制作表现出良好天赋。能够入行甜品界，对他来说是个"美丽的错误"。

大学念法律专业的弗朗西斯科，阴差阳错跟随被称为"甜品界毕加索"的PH甜品大师，学习制作各式各样的甜品，从而掌握了丰富而扎实的甜品技能，获得了宝贵的经验，也让他开启了自己的甜蜜事业，并为之不断奋斗。

肉桂苹果派

分量：4人份

难度：★ ★ ★ ★

准备时间：20分钟

制作时间：50小时

苹果派是西方最典型的家庭甜点，就像我们记忆里妈妈煮的面条，奶奶煲的老汤一样，没有特定的配方，却有同样温馨的味道。

最基础的派饼表面横亘着几道帮助透热的切缝，还有一种是格子一样表面纵横交错着的派饼皮，复杂的苹果派会像手工艺品一样编织排列得非常细密。准备馅料时，可以在传统的肉桂、丁香和肉豆蔻之外，再撒上一些松子、面包糠、葡萄干等，最后再倒入一点朗姆酒。苹果使空气变得甜丝丝的，朗姆酒又让人有点微醺，幸福的感觉瞬间充满你的四肢百骸。

食材准备

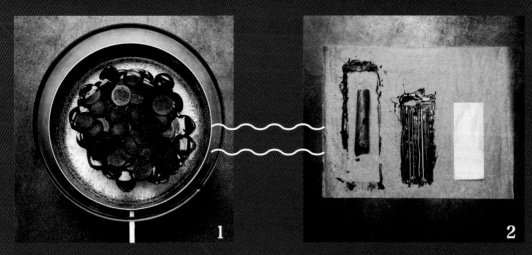

1 隔水融化黑巧克力。

2 把烘焙纸裁成6厘米×6厘米大小；将融化的黑巧克力刷在烘焙纸上，用叉子拉出花纹，然后把带有巧克力的烘焙纸卷成不同形状，放在冰箱里冷藏。

3 将面包糠炒至金黄，加入黄油，再加入5毫升黑朗姆酒，搅拌均匀备用。

4 将松子大火炒熟放在大碗中备用。苹果削皮去核，切成大小不一的块（大块苹果品尝时有更好的口感），加入放有松子的大碗中，再加入绿葡萄干、棕糖、肉桂粉、25毫升黑朗姆酒，用手抓匀。

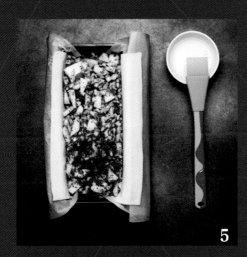

5

6

5　烤箱200℃预热。将烘焙纸铺在模具上，放上千层酥皮，先放入炒好的面包糠，再用苹果内馅填满。在酥皮的四周刷一层蛋清；包裹好酥皮后，用叉子在酥皮上均匀地扎一些气孔，以防止酥皮鼓起。在酥皮上撒一些柠檬皮屑，把包好的苹果派放入烤箱，上下火烤30分钟。

6　在烤好的苹果派上放黑巧克力卷，再撒糖粉、柠檬皮屑，并用肉桂作装饰，完成。

蛋 蛋 提 示

1　在派皮制作过程中冷冻非常重要，每进行一步都需要冷冻20分钟固定形状。

2　这是一种在西餐中常用的千层派皮，在最古老的制作流程中，真的需要擀制1000次才正宗。这种派皮可以制作许多种类的派式料理，在意大利这是种很受欢迎的烹饪方式。

Martina Morrochi 从小在果园长大，对水果有着特殊情感。众多美食料理中，她苹果料理最拿手，至于苹果派，更是手到擒来，这是她成长过程中意义非凡的一道甜品。

在Martina18岁生日那天，本用来招待朋友的苹果派，被一只贪吃猫偷偷吞下肚。有点生气的她，找到小猫的主人准备理论，却没想到小猫的主人不仅帮她重新准备了苹果派，后来更成为她生命中最重要的人。

红丝绒蛋糕

大小：8寸

难度：★★★★

准备时间：40分钟

制作时间：3小时

如果说马卡龙代表了少女的清新和活力，那么红丝绒就是高贵与优雅的气质女王。红丝绒蛋糕仅有红白两色，看似极简，却含有酸、甜、咸几种非常强烈丰富的滋味，令人回味无穷。

传说1959年在纽约的一家酒店，一位女客人爱上了这款娇艳欲滴的蛋糕，于是向酒店索要蛋糕配方，酒店满足了她的要求之后竟寄来天价账单。这位女客人一怒之下向全世界公布了红丝绒蛋糕的配方，从此红丝绒蛋糕闻名全世界。

如此传奇的红丝绒蛋糕制作过程其实并不复杂，但是火候非常重要，不然蛋糕可是会对你"咧嘴笑"的哦。

食材准备

蛋糕体

低筋面粉	200克
白砂糖	100克
泡打粉	8克
可可粉	24克
红曲粉	24克
色素粉	2克

马斯卡彭奶酪	100克
黄油	75克
盐	2克
鸡蛋	100克

涂抹奶酪

奶油奶酪	500克
糖粉	40克

吉利丁片	3克

装饰

草莓	6个
白巧克力	适量
食用金箔	适量

1　鸡蛋打散，放入白砂糖、红曲粉和色素粉，用搅拌器搅拌均匀，再加入马斯卡彭奶酪搅拌均匀。将面粉、泡打
　　粉、可可粉、盐混合，筛入搅拌好的奶酪糊中继续搅拌，加入融化的黄油，由中间向外轻轻搅拌至表面光滑。

2　烤箱预热160℃。在模具中涂少许黄油，倒入蛋糕糊至模具的3/4，轻轻地震荡均匀。蛋糕入烤箱上下火烤
　　制30分钟，取出晾凉至室温。

3　吉利丁片放入锅中加水融化，倒入奶油奶酪中搅拌均匀，筛入糖粉，用搅拌器搅打顺滑作涂抹奶酪。把放凉
　　的蛋糕坯用刀横片成4片，修剪边缘至比模具稍小。把蛋糕片放入模具中，在蛋糕片中间挤入打好的奶油奶
　　酪，抹平，放入冰箱冷藏25分钟。

4　草莓切成两半，每个草莓上裹好吉利丁液。将蛋糕脱模，四周贴上白巧克力片，用草莓、金箔作装饰，完成。

蛋 蛋 提 示

1　红曲粉是由籼米发酵成红曲米后研磨而成的，它口味微苦带酸，对蛋白质有很强的着色能力，经常作为健康
　　安全的食品色素，为甜品增加浪漫的气息。

2　奶油的品质直接影响着甜品的整体口感。质量上乘的奶油奶酪色泽洁白，质地细腻，均匀没有颗粒。

Florian 毕业于法国高级厨艺学院Grégoire Ferrandi的Florian对糕点
制作充满热忱，为了在烹饪艺术中追求新高，他曾进入Valrhona烹饪学院位
于上海和东京的分院进修。
Florian以经典法式甜品圣多诺泡芙和草莓芝士蛋糕著称，最初效力于法国米
其林三星名厨Yannick Alléno，后辗转于享有"全球最佳饼房厨师"盛誉的
Pierre Hermé餐厅担任饼房主厨。

巧克力月饼

分量：40个

难度：★★★★

准备时间：30分钟

制作时间：2小时

月饼作为中国传统美食，象征着家庭团圆、美满和睦，代表了人们对美好生活的向往。
树莓抹茶巧克力月饼与传统中式月饼有所不同，以巧克力来代替面皮制作外皮，用调和了树莓果酱和抹茶风味的甘纳
许巧克力做月饼夹心，除了食材的创新，口感也更为丰富细腻，为中国的传统节日增添了一份不一样的甜蜜。

▎食 材 准 备

干 料

牛奶巧克力	350克
抹茶粉	9克
山梨糖醇	8克
葡萄糖	60克

湿 料

树莓泥	200克
淡奶油	100毫升
可可油	40毫升

装 饰

红巧克力	适量
巧克力珍珠	适量

1 牛奶巧克力隔水加热融化，然后冰水冷却至 29℃。

2 将树莓泥、淡奶油、抹茶粉、山梨糖醇、葡萄糖混合加热。

3 将制作好的树莓酱取出1/3，装入裱花袋，备用。用100克牛奶巧克力与可可油混合，分3次倒入剩余的树莓酱中，搅拌均匀后放入冰箱，制成甘纳许内馅。将馅料装入裱花袋。

4 取月饼模具，在底部中心加入少许红巧克力，放入冰箱冷藏5分钟取出，再倒入剩余的250克牛奶巧克力，使其覆盖模具表面，做月饼皮；刮掉模具上多余的部分，放入冰箱冷藏10分钟。

5

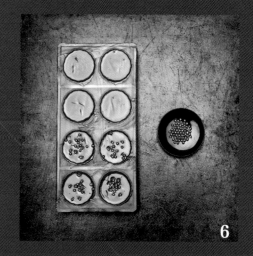

6

5　待月饼皮凝固后，将模具取出，挤入甘纳许内馅和树莓酱。

6　撒上巧克力珍珠，用牛奶巧克力封层，放入冰箱冷藏15分钟。模具取出扣在桌面上，使月饼脱模，完成。

蛋 蛋 提 示

1　抹茶并不是磨碎的。绿茶粉末只有经过覆盖、蒸青等复杂的生产工艺，用天然石磨碾磨成的，才能称得上是抹茶。上等的抹茶呈翠绿色，散发出海苔香味，微甜略涩。越上好的茶，冲泡时沫就会越多。

2　想做出表面光滑的月饼，一定要确认模具里没有杂质。

Francesco Mannino 最初的梦想是成为一名律师，后来机缘巧合踏上了甜点师之路。在米其林一星餐厅Hakkasan饼房任主管一职，是他职业生涯的一个里程碑。而在Pierre Hermé in Paris的时光，则是他另一段宝贵的人生经历。

学习制作甜品的过程，并不像甜品本身表现得那么有趣。Francesco花费了整整6个月的时间学习制作马卡龙，仅马卡龙上筛粉这一项看似简单而枯燥的工作，他便做了两个月之久。这些经历为他奠定了扎实牢固的基础，同时也很好地体现在了他的作品上。他秘制的树莓抹茶巧克力月饼，就是一道融合了中西方文化的甜品。

碎石蛋糕

大小：8寸

难度：★★★★

准备时间：30分钟

制作时间：5小时

如果说芝士蛋糕在奶油蛋糕之后开启了蛋糕的新时代，那不拘小节又不失时尚的狂野派甜品——碎石蛋糕，就掀起了蛋糕界的"创意复古"潮流。经过冷藏，特制的巧克力馅料形成了扎实绵密的冰激凌口感，吃起来会有一种小放肆的欢愉，为蛋糕增添了更多惊喜。

这款蛋糕取名"碎石蛋糕"，寓意"岁岁平安"，非常适合节日时与家人一起分享哦。

食 材 准 备

主 体

低筋面粉	150克
白砂糖	120克
可可粉	35克
鸡蛋	8个

内 馅

淡奶油	750毫升

黑巧克力	35克
可可粉	30克

糖 水

水	80毫升
白砂糖	80克
香叶	1片
八角	1个

肉桂	1根
白朗姆酒	10毫升

外 层

淡奶油	200毫升
奥利奥饼干碎	60克
白砂糖	120克

1　烤箱预热170℃。把鸡蛋打入碗中，加120克白砂糖隔水加热打发。将低筋面粉和可可粉混合过筛，分3次加入到蛋液中，慢慢搅拌均匀。把蛋糕糊倒入模具中，轻震几下排出气泡后放入烤箱中，上下火烤25分钟，中间翻动1～2次。将烤好的蛋糕坯脱模，冷却至室温后放入冰箱冷藏1小时。

2　取一小锅，加入水、80克白砂糖、八角、肉桂和香叶，小火煮升，晾凉后加入白朗姆酒，制成糖水。

3　小锅中加入250毫升淡奶油，加入30克可可粉煮开，加入黑巧克力煮融化并搅拌均匀。另取500毫升淡奶油打至干性发泡，再将煮好的淡奶油分两次倒入打发的淡奶油中搅拌均匀，如果搅拌后不够黏稠可再次打发。

4　将蛋糕坯从冰箱中取出，均匀切成3片。先在模具中放入底层的蛋糕片，刷一层糖水，将巧克力内馅均匀涂抹在蛋糕片上，再放入中层的蛋糕片，刷一层糖水，涂抹内馅，最后把顶部的蛋糕片盖在内馅上，将蛋糕放入冰箱冷藏3小时。

5　在200毫升淡奶油中加入奥利奥饼干碎和120克白砂糖，打发，并涂抹在蛋糕外层。最后撒一些奥利奥饼干碎在蛋糕顶部作装饰，完成。

蛋 蛋 提 示

1　糖水中还要加入朗姆酒，但要等到温度低一点再加，才能保留浓郁的酒香。

2　打发是很多甜品制作的基础步骤，它直接关系到成品口感的细腻程度，通常我们只需要取蛋清打发。泡沫细腻，可以形成长尖的打发程度，是最适合制作芝士蛋糕的湿性发泡；泡沫极为丰富的干性发泡，尾端挺直，是制作戚风蛋糕的不二选择。

任重 这道象征岁岁平安的碎石蛋糕的制作者，曾出演过《那年花开月正圆》《家的N次方》《北京青年》《新恋爱时代》和《小爸妈》等众多影视作品，并担任重要角色。作为一名演员，他说："我所扮演的角色，有人看到感动了或者笑了，那我就没有白干"。站在厨房里，他也深谙"蛋糕最重要的不是口感，而是你有没有用心去做"这一理念，如此耿直又坦荡的他，让人感觉真实又温暖。

无论戏里戏外，任重都十分努力向上，阳光积极的性格就是他内心最真实的写照，获得大家的认可很重要，可更重要的就是做出的成绩能够无愧于心，对得起自己。暖男如他，做出来的蛋糕也会让人甜到心里。

星空蛋糕

大小：8寸

难度：★★★★

准备时间：30分钟

制作时间：10小时

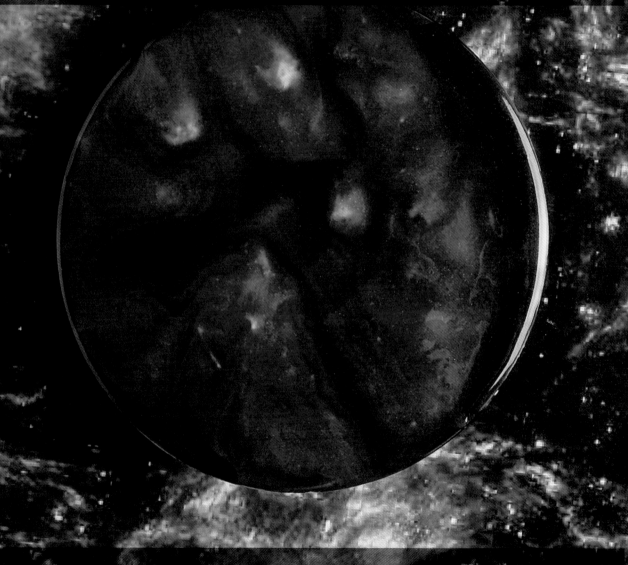

　　百多年前梵高在画布上画出他眼中的星空时，肯定没有料到有一日人们会将这片醉人的星空绘在蛋糕上。

　　星空蛋糕以口感细腻香甜的慕斯为主体，在表面淋上拥有镜面效果的淋面酱，将璀璨的星空翻倒在蛋糕之上，整个宇宙的优雅与神秘仿佛都呈现在你的面前。

　　如果你是一个"星空控"，就不要错过这款美到令人窒息的星空蛋糕，给你的餐桌增添一抹星空吧。

食材准备

淋面酱部分

吉利丁	10克
白砂糖	100克
葡萄糖	200克
水	100毫升
牛奶	300毫升

白巧克力	600克
白色食用色素	2~3滴
其他食用色素（本食	
谱以蓝、紫、薄荷绿为	
例）	各2~3滴
闪光色粉	2克

慕斯蛋糕部分

奶油奶酪	300克
白砂糖	50克
牛奶	40毫升
淡奶油	200毫升
吉利丁	10克

1 取一口锅，倒入100克细砂糖、200克葡萄糖和100毫升水，加热后倒入一碗中，做葡萄糖浆（可直接购买）。将300毫升牛奶加热，放入泡软的10克吉利丁片，轻轻搅拌，至吉利丁片完全溶解，关火，倒入葡萄糖浆；把它们全部倒入搅拌机中，放入600克白巧克力，滴入2~3滴食用色素，搅拌均匀后再倒入一碗中，盖上盖子或保鲜膜，放进冰箱冷藏6个小时以上，做基础淋面酱。

2 将300克奶油奶酪放入一只碗中，加入20克细砂糖、30毫升牛奶，用电动搅拌器搅拌均匀；取一只碗，放入200毫升淡奶油、30克白砂糖，搅拌至有轻微的波纹，再将它们倒入打发过的奶油奶酪中，翻拌均匀。取一口锅，倒入10毫升牛奶，小火加热，放入10克泡软的吉利丁片，轻轻搅拌，放凉，将它们倒入奶油奶酪中，快速搅拌均匀后，倒进模具中，震荡至没有气泡，放入冰箱2小时，做成慕斯，为蛋糕的主体。

3 把基础淋面酱取出，加入2克闪光色粉，搅拌均匀后分成3份，分别滴入蓝、紫、薄荷绿3种颜色的食用色素，轻轻搅拌，再将3种颜色的淋面酱根据个人喜好按不同比例适度混合。取出冰箱中的慕斯，用火枪烘烤模具脱模，放置于架子上，从中间向四周倒上混合过的淋面酱，直至铺满蛋糕表面，完成。

蛋 蛋 提 示

1 闪光色粉是一种可食用的色素，主要由贝壳研磨而成。粉质细腻，外表闪亮，一般有金、银两种颜色，溶于各种饮料和液体，食用对人体无害。除了用于蛋糕等甜品的制作，还可以用来做星空酒，星空果冻等，为美食带来更多华丽的奇妙装饰。

2 牛奶不要烧开锅，不然会破坏吉利丁的黏性。

3 淋面酱是甜品中的一种重要装饰，白色基础酱可以混合不同的食用色素，从而显现出不一样的颜色。淋面酱表面细滑光亮，可以给甜品带来镜面反光的效果。多种颜色的淋面酱可以混合，这可是难度系数很高的进阶技能，蛋糕上星空图案的出现就是这个原理。

朱一龙 是《芈月传》里的秦昭襄王嬴稷，也是《新萧十一郎》里的腹黑少庄主连城璧，还是《新边城浪子》里的悲情男主傅红雪。荧幕上演绎他人人生，荧幕后做最真实的自己，而此刻站在"鹦鹉厨房"的他，是最贴近生活的朱一龙。

面对琳琅满目的美食料理，朱一龙最中意甜品，他认为，拥有动态美感的星空蛋糕饱含了满满的真心和诚意，非常适合送给家人。于是敢于尝试新事物的他，特意在这里学习了星空蛋糕的制作方法，希望能给爱他的人带来一份甜蜜与快乐。

樱花芝士蛋糕

大小：8寸

难度：★★

准备时间：30分钟

制作时间：8小时

樱花易逝，谚语有"樱花七日"的说法。每到花期，花朵纷纷飘散，落英缤纷。为了留住这稍纵即逝的美景，人们就将樱花在开到六七分的时候采摘下来，晒到半干，再用盐加一点点梅子醋浸泡，制成盐渍樱花。

"芝士蛋糕"是英文"Cheese Cake"的译音，又叫"免烤芝士蛋糕"。芝士蛋糕不用烤箱烤制，蛋糕体用饼干碎和黄油混合而成，再放入冰箱冷冻完成。柔滑醇厚的芝士与清新淡雅的盐渍樱花，制成诱人的樱花芝士蛋糕，瞬间提升幸福感！这位颜值爆表的甜品女神，漂亮得不像实力派，却又能给你十分惊艳的味觉体验。

食材准备

干 料

拇指饼干	160克	固体酸奶（无糖）	300毫升	吉利丁片	40克
白砂糖	130克	淡奶油	200毫升	蛋黄	2个
盐渍樱花	10克	牛奶	80毫升	黄油	80克
湿 料		柠檬	1个	雪碧	400毫升
奶油奶酪	320克	白朗姆酒	18毫升	柠檬汁	10克

1　将拇指饼干放入食品袋中用擀面杖擀碎，然后将饼干碎放入碗中备用。将黄油隔水融化，与饼干碎混合，搅拌均匀。

2　将搅拌后的黄油饼干碎倒入模具中，用勺子压平压实，作为蛋糕的饼底，放入冰箱中冷藏待用。

3　将奶油奶酪与白砂糖隔热水充分搅拌至顺滑。

4　在步骤3中加入蛋黄搅拌均匀。由于本款蛋糕不经加热，所以请选用经过消毒的鸡蛋。

5　柠檬取皮擦成碎，并取半个柠檬挤汁。将白朗姆酒和柠檬汁、柠檬皮碎加入步骤4中。

6　步骤5中加入固体酸奶，充分搅拌均匀。

7　小锅中倒入牛奶，加热到40～50℃后，加入淡奶油，放入提前泡软的25克吉利丁片，搅拌至吉利丁片融化后倒入步骤6中，搅拌均匀，芝士层完成。

8　将蛋糕的饼干底从冰箱中取出，把制作好的芝士层蛋糕液倒入模具中，然后拿起模具在桌面上轻震几下排出芝士层的气泡。然后把模具放入冰箱冷藏3～4小时，使芝士层凝固。

9　将盐渍樱花放入冷水中浸泡5分钟，再换一次水浸泡10分钟。将冷藏好的蛋糕从冰箱中取出，用裱花笔作装饰，再放入冰箱冷却3～5分钟。用小锅加热雪碧至40～50℃，放入剩余的15克冷水泡软的吉利丁片，搅拌至吉利丁融化后，将混合好的液体冷却至室温，沿着模具边缘缓慢倒在蛋糕芝士层的表面上，把泡好的盐渍樱花依照自己的喜好放入镜面层中作装饰；静置，待樱花层稍凝固后再将蛋糕放在冰箱中冷藏至镜面层完全凝固。将蛋糕取出，用热毛巾包裹模具外壁脱模，完成。

蛋 蛋 提 示

1　步骤1也可以使用食物料理机完成，不过饼干碎会过于均匀，影响最终蛋糕底层的颗粒质感。

2　樱花要用冷水浸泡5分钟，再换一碗清水浸泡10分钟，切记不要用过烫的水浸泡，否则美丽的樱花会褪去它娇艳的粉色。

3　千万注意，最后一步蛋糕要原地静置一段时间，等樱花层稍微凝固，再移入冰箱，或者干脆就在冰箱里完成这一步。

白晨 是一位来自北京的甜品设计师，她在甜品制作方面有着过人的天赋和丰富的灵感，这款樱花冻芝士蛋糕便是她的创意之作。

娇小的身体里却装着巨大的能量，白晨曾走过24个国家和地区，研究不同风味的甜品，只为找寻那心中的味道，如此一个充满魅力的甜品师，做出的蛋糕简直令人不得不爱。

玫瑰盐芝士软欧面包

分量：4个

难度：★★★★

准备时间：40分钟

制作时间：2小时

随着人们越来越注重饮食健康，手工天然欧式面包也逐渐流行起来。它来自于欧洲，又"入乡随俗"，根据亚洲人的饮食习惯调整配方，使得略硬的欧式面包口感更加柔软湿润。

低糖低油的配方丝毫不影响面包的口感，胖胖的软欧面包中夹满了厚厚的芝士和丰富的坚果，吃起来满口谷物自然发酵的酸甜和干果的酥香。

早晨起床煮一杯牛奶，再来一个有着柔软腹部的软欧面包，真的再营养不过啦！

食材准备

干 料

高筋面粉	300克
低筋面粉	200克
胚芽粉	15克
酵母粉	5克

玫瑰海盐	10克
核桃仁	100克

湿 料

马苏里拉奶酪碎	160克

冰水（3-5℃）	350毫升
蜂蜜	50克

装 饰

五谷	适量

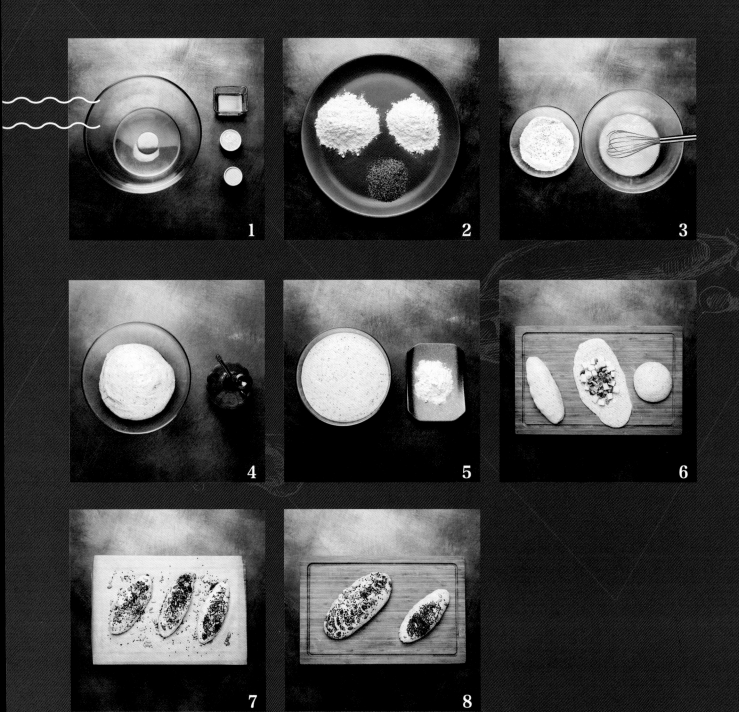

1　在冰水（3~5℃）中加入玫瑰海盐搅拌至溶解，再加入蜂蜜、酵母粉搅拌均匀。

2　高筋面粉、低筋面粉和胚芽粉混合均匀，过筛。

3　把步骤2中混合的面粉倒入步骤1的冰水中。

4　烤箱预热50℃。开始和面，揉面时可反复折叠、拍打或摔打面团，揉搓15分钟，直至面团表面有弹性、可拉伸出薄膜的程度后，在面团表面喷水，放入预热好的烤箱醒发30分钟。

5　醒发好的面团表面有张力、光滑有气泡。在面团表面撒些许白粉，避免粘手，从盆中倒出面团。

6　将核桃仁入烤箱100℃烤20分钟，用刀切碎。把面团分割成200克一个的剂子。把分好的面团表面揉光滑，喷水，保持面团表面的湿润感，静置10分钟。把面团擀开成长条形，翻面，背面朝上，铺上马苏里拉奶酪碎和核桃仁碎，从一边开始卷起团好。

7　给团好的面包表面喷水，正面粘上五谷。放入50℃的烤箱，再次发酵30分钟。

8　取出醒发好的面包，烤箱预热至190℃。将面包入烤箱上下火烤制20分钟，完成。

蛋 蛋 提 示

1 使用海盐也可以，不过玫瑰盐的味道更好。

2 发酵过程中酵母产生的二氧化碳，会使面包内部结构细密柔软，经过二次发酵，会补充之前制作过程中损失的气体，同时让面包坯表面温度与内部的温度更接近，使烤制更加均匀。

- -

林育玮 是来自台湾的甜品师，这款玫瑰盐芝士软欧面包就出自他手。生活中的他十分喜欢吃面包，于是逐渐地，他将面包制作发展成为自己的事业，并为之工作了将近20年，面包是他生命中不可或缺的一部分。林育玮师傅的面包制作经验丰富，将爱好做成事业的他，曾获得台湾四大天王烘焙比赛的冠军。他将这款面包做给自己的妈妈吃，不仅饱含着满满情意，也体现了他独一无二的孝心。

图书在版编目（CIP）数据

鹦鹉厨房 / 鹦鹉厨房主编. —北京：中国轻工业出版社，
2018.4

ISBN 978-7-5184-1848-0

Ⅰ．①鹦… Ⅱ．①鹦… Ⅲ．①西式菜肴－食谱
Ⅳ．①TS972.118

中国版本图书馆CIP数据核字（2018）第024227号

责任编辑：朱启铭

策划编辑：朱启铭　王巧丽　　责任终审：劳国强　　封面设计：奇文云海

版式设计：锋尚设计　　　　　责任校对：李　靖　　责任监印：张京华

出版发行：中国轻工业出版社（北京东长安街6号，邮编：100740）

印　　刷：北京富诚彩色印刷有限公司

经　　销：各地新华书店

版　　次：2018年4月第1版第1次印刷

开　　本：889×1194　1/16　印张：11.25

字　　数：150千字

书　　号：ISBN 978-7-5184-1848-0　定价：78.00元

邮购电话：010-65241695

发行电话：010-85119835　传真：85113293

网　　址：http://www.chlip.com.cn

Email：club@chlip.com.cn

如发现图书残缺请与我社邮购联系调换

161299S1X101ZBW

三色羊排	香煎海鲈鱼配白酒汁	龙虾青酱意大利面	埃及烤鸡	火炙金枪佐鱼蓉沙冰
小肉丸手工意大利面	蛋黄蒜酱章鱼猪筋肉排配茄子马苏里拉奶酪	起酥三文鱼派	煎带骨牛排配土豆泥	芥末兔肉
意大利烩饭配香煎鳕鱼	圣诞节水果烤火鸡	传统英式烤鸡	酿馅小鱿鱼配自制鱼子黑蒜汁	轻煎伊比利亚猪肉佐椒蓉
瓦伦西亚芭爱雅	巴西烩饭配法罗法	烟熏鲭鱼配酸奶冻沙拉	米兰之吻	填馅脆皮烤乳猪
法式传统龙虾汤	勃艮第红酒烩牛肉	海南鸡饭	黄金富贵虾	辣白菜猪肋排锅

墨鱼汁炒乌冬面

沙丁鱼咸饭

什锦海鲜大拼

印度咖喱鸡配飞饼

日式炸虾塔茶泡饭

海洋蛋糕

橙香米蛋糕

胡萝卜蛋糕

马卡龙

肉桂苹果派

红丝绒蛋糕

巧克力月饼

碎石蛋糕

星空蛋糕

樱花芝士蛋糕

玫瑰盐芝士软欧面包

特别鸣谢

温赫赫　耿　维　马良双　杨　露　尹　茜　田　原　何希文
臧　佩　段黎明　刘　涵　王　森　童华杰　马寅斌　张　劲
王瑞宇　隋　意　武　萌　赵　强　李程跃　李伟龙　李兆煜
魏佳琳　王治宇